Steve De Cliff
Pierre Claver Harerimana

Extraction de l'huile essentielle des fleurs de Cananga odorata

AF209885

Steve De Cliff
Pierre Claver Harerimana

Extraction de l'huile essentielle des fleurs de Cananga odorata

Vers la découverte d'un nouveau chémotype aux qualités concurrentielles?

Éditions universitaires européennes

Imprint
Any brand names and product names mentioned in this book are subject to trademark, brand or patent protection and are trademarks or registered trademarks of their respective holders. The use of brand names, product names, common names, trade names, product descriptions etc. even without a particular marking in this work is in no way to be construed to mean that such names may be regarded as unrestricted in respect of trademark and brand protection legislation and could thus be used by anyone.

Cover image: www.ingimage.com

Publisher:
Éditions universitaires européennes
is a trademark of
Dodo Books Indian Ocean Ltd. and OmniScriptum S.R.L publishing group

120 High Road, East Finchley, London, N2 9ED, United Kingdom
Str. Armeneasca 28/1, office 1, Chisinau MD-2012, Republic of Moldova, Europe
Managing Directors: Ieva Konstantinova, Victoria Ursu
info@omniscriptum.com

Printed at: see last page
ISBN: 978-3-8417-9100-9

Copyright © Steve De Cliff, Pierre Claver Harerimana
Copyright © 2014 Dodo Books Indian Ocean Ltd. and OmniScriptum S.R.L publishing group

TABLE DES MATIERES

Table des matières... i

Sigles et abréviations... iii

Liste des figures.. iv

Liste des tableaux... iv

INTRODUCTION... 1

Chapitre 1:

Cadre physique de l'étude et généralités sur la plante d'ylang-ylang.... 4

1.1. Origine de la plante d'ylang-ylang................................... 5

1.2. Conditions climatiques de sa zone de production............................. 5

1.3. Localisation et contexte géographique.. 7

1.4. Possibilité de l'influence géologique du Grand Rift............................ 10

1.5. Systématique et morphologie de la plante d'ylang-ylang...................... 11

1.6. Exigences écologiques de la plante d'ylang-ylang............................ 16

1.7. Culture de la plante d'ylang-ylang.. 17

Chapitre 2:

Généralités sur l'extraction de l'huile essentielle............................ 19

2.1. Notion d'essence et d'huile essentielle.. 20

2.2. Localisation d'huile essentielle dans les végétaux............................ 22

2.3. Méthodes d'extraction des huiles essentielles............................... 26

2.4. Autres méthodes d'obtention des extraits volatils............................ 30

2.5. Dispositif d'extraction des essences.. 32

2.6. Identification et analyses chromatographiques............................... 33

2.7. Principes de détermination des indices de qualité............................ 35

2.8. Conditions de conservation et de stockage.................................... 38

Chapitre 3:

Unicité de l'huile essentielle de *Cananga odorata*.............................40

3.1. Composants chimiques de l'huile essentielle d'ylang-ylang.................41

3.2. Description olfactive des principaux constituants aromatiques.............42

3.3. Propriétés et usages..44

3.4. Autres usages de l'arbre d'ylang ylang...47

3.5. Normes de qualité d'une huile essentielle d'ylang-ylang....................48

3.6. Marché de l'huile essentielle d'ylang ylang....................................49

Chapitre 4:

L'huile essentielle d'ylang-ylang de la plaine de l'Imbo........................50

4.1. Echantillonnage..51

4.2. Matériel et produits...51

4.3. Mode opératoire...52

4.4. Détermination de la densité..53

4.5. Détermination de l'indice de réfraction..54

4.6. Détermination de l'indice d'acide...54

4.7. Détermination de l'indice d'ester...56

4.8. Propriétés de l'huile essentielle d'ylang-ylang de la plaine de l'IMBO.....58

CONCLUSION ET PERSPECTIVES..63

REFERENCES BIBLIOGRAPHIQUES...65

SIGLES ET ABREVIATIONS

AFNOR   : Association Française de Normalisation

BBT   : Bleu de Bromotymol

BRARUDI   : Brasserie et limonaderies du Burundi

CRUPHAMET   : Centre de Recherche Universitaire en Pharmacopée

                et Médecine Traditionnelle

GIE   : Groupement d'Intérêt Economique

HE   : Huile Essentielle

ISABU   : Institut des Sciences Agronomiques du Burundi

ISO   : International Organization for Standardization

                (Organisation internationale de normalisation)

LISTE DES FIGURES

Figure 1: Carte des cinq régions éco-climatiques du Burundi,   8
dont la Plaine de l'IMBO

Figure 2: L'arbre d'ylang-ylang   13

Figure 3: (a) Feuille d'ylang-ylang   15
(b) Fleur mature d'ylang-ylang

Figure 4: (a) Fruit immature d'ylang-ylang   15
(b) Fruit mature d'ylang-ylang

Figure 5: Schéma de principe d'un alambic utilisé pour l'extraction   32
des huiles essentielles

Figure 6: Montage d'hydrodistillation de type Clevenger   52

LISTE DES TABLEAUX

Tableau 1: Quelques plantes à huile essentielle et la partie de   25
la plante où elle est extraite

Tableau 2: Composition chimique de la fraction seconde d'huile   41
d'ylang-ylang

Tableau 3: Utilisation des parties de l'arbre d'ylang-ylang   48

Tableau 4: Propriétés de l'huile essentielle complète des fleurs   59
d'un ylang-ylanguier de la Plaine de l'IMBO

INTRODUCTION

Le Burundi, de part sa position géographique, ses micro-climats et ses ressources hydriques des plus rares au monde jouit de plusieurs facteurs de pédogenèse qui expliquent sa flore abondante et diversifiée, riche notamment en plantes aromatiques et médicinales susceptibles d'être utilisées dans différents domaines (pharmacie, parfumerie, cosmétique, agroalimentaire) pour leurs propriétés thérapeutiques, organoleptiques et odorantes ou encore pouvant être utilisées comme source d'isolats pour les hémisynthèses.

Ces plantes aromatiques pourraient donc constituer de produits à forte valeur ajoutée (huiles essentielles, extraits, résines…) qui se présentent presque toujours comme des mélanges complexes dont il convient d'analyser la composition avant leur éventuelle valorisation. Les techniques d'analyse à la disposition de l'expérimentateur d'aujourd'hui permettent, dans la grande majorité des cas, de réaliser ce travail en routine. Cependant, l'identification de certains constituants est parfois délicate et l'utilisation de plusieurs méthodes d'analyse complémentaires s'avère non seulement utile mais nécessaire. Les huiles essentielles, préparées par hydrodistillation du matériel végétal, en sont une bonne illustration.

Les huiles essentielles sont des mélanges complexes constitués de plusieurs dizaines, voire plusieurs centaines de composés, principalement terpéniques. Les terpènes, molécules construites à partir d'entités isopréniques, constituent une famille très diversifiée, tant au niveau structural qu'au niveau fonctionnel. Dans les huiles essentielles, on rencontre généralement des mono et des sesquiterpènes (possédant respectivement 10 et 15 atomes de carbone) et plus rarement des diterpènes (20 atomes de carbone) ainsi que des composés linéaires non terpéniques et des phénylpropanoïdes.

L'objectif de ce livre est de présenter un travail de recherche préliminaire (HARERIMANA P. *et al*, 2012) qui a été effectué sur une plante qu'on voit de plus en plus dans la Plaine de l'IMBO au Burundi, mais dont on connaît peu ou pas du tout, ni sur son histoire d'apparition au Burundi, ni sur son utilisation. , et donc encore moins sur ses propriétés utiles qui pourraient justifier sa culture à grande échelle. Il s'agit de *Cananga odorata*, mieux connu sous son nom exotique de « ylang-ylang ».

Au Burundi, l'étude des huiles essentielles n'a jamais été d'une brûlante actualité malgré son ancienneté et les développements exponentiels des biotechnologies végétales ailleurs au monde. L'histoire de l'aromathérapie est née avec les progrès de la science, de nouveaux principes actifs et de nouvelles propriétés pharmacologiques ayant permis de faire des plantes aromatiques et médicinales[5] d'authentiques médicaments[6]. Le Burundi, de par sa position géographique, jouit de plusieurs facteurs de pédogenèse et de grandes variations de micro-climats auxquels s'ajoutent les ressources hydriques, qui lui confèrent un patrimoine floral d'une grande diversité. Cependant, rares sont les cultures des plantes à parfum qui ont fait l'objet d'études scientifiques très approfondies, même pas à l'Université du Burundi. Malheureusement, le *Cananga Odorata* est un exemple éloquent d'espèce qui n'échappe pas à cette règle. Originaire des forêts humides du Sud-Est de l'Asie, on ne sait pas encore comment, ni quand il a été introduit au Burundi, particulièrement dans la Plaine de l'IMBO où il semble bien s'acclimater. Il pourrait avoir été introduit très récemment par des voyageurs à titre de simple curiosité, car on ne connaît nulle part au Burundi où il est cultivé de façon extensive. En effet, sa culture est pratiquée de façon sporadique sur de petites parcelles à Bujumbura par des particuliers qui semblent s'intéresser beaucoup plus par son ombrage et par le parfum que dégagent ses fleurs, sans toutefois s'imaginer que dans d'autres pays comme le Madagascar et les Comores, il s'agit d'une plante industrielle qui fait vivre des familles entières de par l'exportation de ses huiles essentielles. En effet, les substances aromatiques secrétées par les fleurs de *Cananga Odorata* recèlent d'intéressantes activités biologiques (antimicrobienne, anti-inflammatoire, hémostatique et cicatrisante)[11].

La présente étude part du constat que le marché des huiles essentielles au Burundi est un secteur non encore exploité et qu'une industrie artisanale et un savoir-faire devraient être amorcés pour exploiter le riche potentiel végétal dont recèle le pays. Il s'agit aujourd'hui de le développer pour faire de cette activité une source supplémentaire de revenu et un outil de développement durable. Elle pourra viser aussi bien le marché de l'industrie des cosmétiques et des détergents, destiné tant au marché local, mais surtout à l'exportation. Plusieurs variétés de plantes odorantes non encore exploitées devraient faire l'objet de préoccupation. L'une de ces préoccupations a trait à l'extraction des essences aromatiques de cette plante d'ylang-ylang issu d'une variété de *Cananga odorata* qui pousse dans la Plaine de l'IMBO.

Chapitre 1:
Cadre physique de l'étude et généralités sur la plante d'ylang-ylang

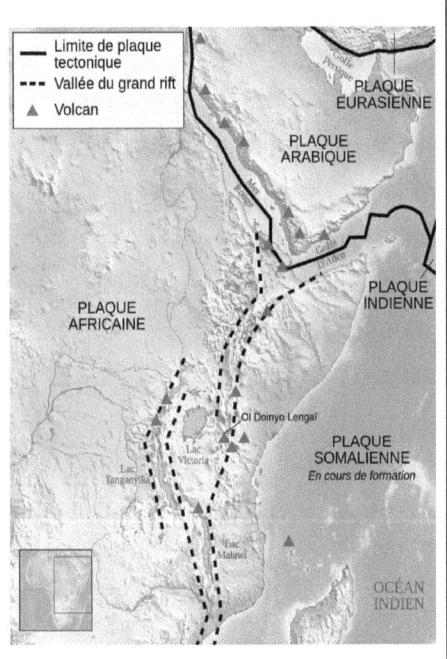

1.1. Origine de la plante d'ylang-ylang

1.2. Conditions climatiques de sa zone de production

1.3. Localisation et contexte géographique

1.4. Possibilité de l'influence géologique du Grand Rift

1.5. Systématique et morphologie de la plante d'ylang-ylang

1.6. Exigences écologiques de la plante d'ylang-ylang

1.7. Culture de la plante d'ylang-ylang

« *Situation géographique du Burundi dans la vallée du Grand Rift Africain, berceau des espèces végétales uniques au monde* »

1.1. Origine de la plante d'ylang-ylang

Cananga odorata (Lam.) Hook.f. & Thomson, communément appelé ylang-ylang, est un arbre originaire des Moluques. Cet archipel situé à l'est de l'Indonésie a attiré les Européens dès le 16ème siècle en raison de sa production importante d'épices[4-7]. Aujourd'hui, Cananga odorata est principalement cultivé sur trois sites principaux dans l'Océan indien: l'Union des Comores, Madagascar et Mayotte. Il semble avoir trouvé à ces endroits des conditions climatiques et pédologiques particulièrement favorables. La variété *Cananga odorata macrophylla* est aussi utilisée comme plante d'ornement en Polynésie, Micronésie, Mélanésie et dans d'autres îles du Pacifique.

Il est cultivé dans ces pays afin d'obtenir l'huile essentielle d'ylang-ylang par la distillation fractionnée de ses fleurs fraiches et matures. Cette huile, très importante pour l'économie des trois pays producteurs, représente une source indispensable de revenus pour les iles de l'Océan indien[5]. Elle présente une grande richesse olfactive et est destinée à la parfumerie de luxe, la parfumerie de masse, la fabrication de produits cosmétiques, de détergents, de déodorants et à la savonnerie[4-10]. Bien qu'il entre dans la composition de nombreux produits de notre quotidien, l'ylang-ylang est à la fois une plante et une huile essentielle très peu connue. Le premier producteur mondial d'essence d'ylang-ylang est l'Union des Comores[5,6,10].

1.2. Conditions pédoclimatiques de sa zone de production

L'ylang-ylang est une plante très rustique. C'est une espèce pionnière, s'adaptant à une large gamme de sols, allant du sablonneux à l'argileux. Dans sa zone culturale, il se développe aussi bien dans les sols alluvionnaires du Madagascar que dans les sols volcaniques des Comores. Il peut croître sur des sols à texture légère, moyenne et lourde. Il supporte des variations de pH allant de 4,5 à 8,0. Il exige des terrains bien drainés mais tolère des sols détrempés sur une courte période. Son système racinaire bien développé et pivotant lui permet de se développer sur des sols pentus mais nécessite cependant un sous-sol qui ne soit pas trop rocailleux [10,20].

L'ylang-ylang pousse aussi bien sous un climat équatorial que sous un climat subtropical maritime. On le rencontre dans les forêts tropicales humides et les forêts semi-sèches. On le retrouve à des altitudes variant du niveau de la mer à 800 m et parfois jusqu'à 1 200 m près de l'Équateur. Les besoins annuels en eau sont de 1500 à 2000 mm, mais l'arbre supporte des précipitations moyennes annuelles allant de 700 à 5000 mm, bien qu'il tolère de courtes périodes de sécheresse (moins de deux mois) [10,29,30].

L'ylang-ylang préfère des températures élevées, comprises entre 25 et 31 °C mais ne supporte pas des températures inférieures à 5 °C. L'ylang-ylang se développe mieux en plein soleil mais il tolère l'ombre. Les feuilles et le tronc sont assez fragiles. Cependant, il repousse très vigoureusement après des dégâts dus au vent [10,29,30].

De nos jours, on retrouve d'importantes plantations d'ylang-ylang dans les iles de l'Océan indien, principalement aux Comores, à Madagascar et à Mayotte, mais également en Colombie, en Indochine, au Costa Rica, aux Philippines et en Côte d'Ivoire. Le premier producteur mondial d'essence d'ylang-ylang est l'Union des Comores [5, 6, 10]. Tous ces pays partagent les mêmes conditions pédoclimatiques que celles qu'on retrouve dans la Plaine de l'IMBO, qui est localisée dans un contexte géographique qui justifie ces caractéristiques pédoclimatiques.

1.3. Localisation et contexte géographique[28]

La Plaine de l'IMBO est située au Burundi. Le Burundi est l'un des cinq pays membres de la Communauté Est Africaine qui comprend aussi l'Ouganda, le Kenya, la Tanzanie et le Rwanda. Il couvre seulement 27.834 km² dont 25.200 km² terrestres et s'étend entre les méridiens 29°00' et 30°54' Est et les parallèles 2°20' et 4°28' Sud. Sans accès à la mer, il borde en revanche le lac Tanganyika (32 600 km² dont 2 634 km² appartiennent au Burundi), dans l'axe du Grand Rift occidental. Le lac et la Rivière Rusizi le bordent à l'Ouest, la rivière Malagarazi au Sud Est.

Les bordures Ouest et Sud-Est (11.817 km²) appartiennent au bassin du Congo, le reste du pays (13.218 km²) constitue l'extrémité méridionale du Bassin du Nil. Les pays limitrophes sont la République Démocratique du Congo à l'Ouest, le Rwanda au Nord et la Tanzanie à l'Est et au Sud.

Le dessin topographique du Burundi s'accompagne de la variation du climat sur différentes altitudes, ce qui confère au pays une diversité géoclimatique importante.

En effet, les altitudes supérieures à 2000 m, matérialisées par la crête Congo-Nil, sont plus arrosées avec des précipitations moyennes comprises entre 1400 mm et 1600 mm et des températures moyennes annuelles oscillant autour de 15°C avec des minima atteignant parfois 0°C. Ces conditions climatiques (pluviosité élevée et température basse) font de ce milieu situé en pleine zone tropicale de montagne, un lieu privilégié pour la formation des forêts ombrophiles.

Les altitudes moyennes rassemblées dans le seul terme " plateau central ", et oscillant entre 1500 et 2000 m, reçoivent environ 1200 mm de précipitations annuelles pour 18 à 20°C de températures moyennes annuelles.

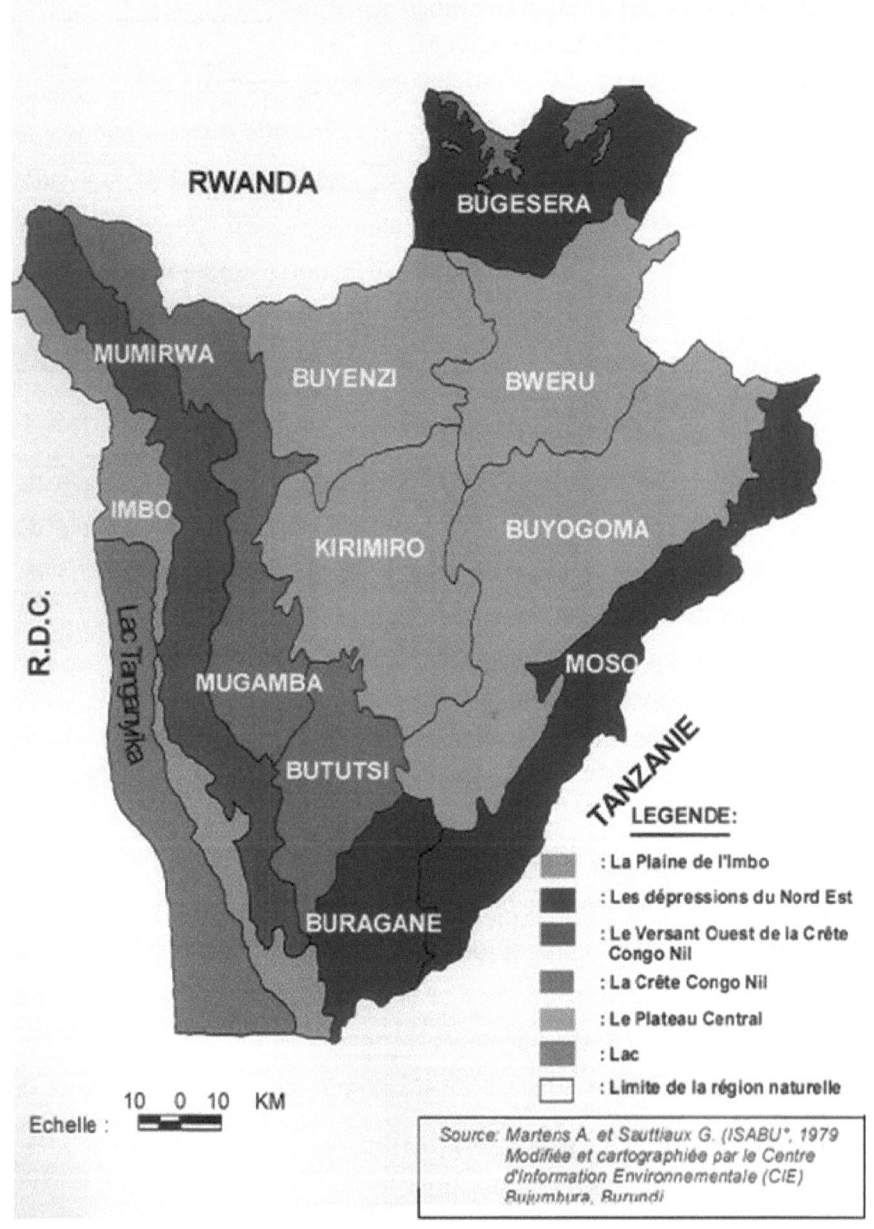

Figure 1 : Carte des cinq régions éco-climatiques du Burundi, dont la Plaine de l'IMBO

Les altitudes inférieures à 1400 m représentées par la Plaine de l'IMBO et les dépressions du Kumoso et du Bugesera ont des précipitations moyennes annuelles inférieures à 1200 mm et même souvent inférieures à 1000 mm comme à l'IMBO, avec des minima d'environ 500 mm. Les températures moyennes annuelles oscillent autour de 20°C.

Le relief du Burundi est très varié. Ce pays est subdivisé en 5 régions éco-climatiques (Fig. 1). De l'Ouest vers l'Est, on distingue: *les basses terres de l'IMBO* correspondant à un fossé d'effondrement du Rift Valley occidental, la région escarpée de Mumirwa, la zone montagneuse (la Crête Congo-Nil) et les plateaux centraux et les dépressions de Kumoso et de Bugesera. L'altitude varie entre 774 m au bord du lac Tanganyika et 2670 m sur les massifs montagneux pour diminuer progressivement jusqu'à 1200 m à l'Est du pays.

Les basses terres de l'IMBO s'étendent à la limite occidentale du Burundi, formant une série de plaines de largeur variable depuis la Tanzanie, au sud, jusqu'au Rwanda, au nord. Les basses terres sont formées par la plaine de la Rusizi et les plaines riveraines du lac Tanganyika. L'altitude est comprise entre 774 m, niveau du lac Tanganyika et 1000 m au début des escarpements côtiers.

La plaine de la Rusizi se subdivise en deux parties: la plaine de la basse Rusizi au Sud, et la plaine de la moyenne Rusizi, au Nord. Les plaines riveraines du lac Tanganyika se développent au sud de la basse Rusizi. La topographie générale est dominée par une alternance de petites plaines sédimentaires de largeur variable (0 à 20 km) adossées sur de hauts reliefs. Quand ces derniers sont suffisamment éloignés, des plaines plus ou moins étendues se forment. La première est celle de Nyanza-Lac, drainée par la rivière Rwaba et ayant une largeur de 16 km. La seconde est celle de

Rumonge. Elle est de moitié moins large que la précédente mais est plus longue, elle s'étend de la rivière Nyengwe au sud jusqu'au nord de la rivière Dama. La troisième est située au sud de Bujumbura. Sa partie la plus large est occupée par le site de la capitale.

La Plaine de l'IMBO correspond à la région naturelle de l'IMBO et occupe 7% de la superficie terrestre du pays. Dans la Plaine de l'IMBO, les sols sont établis sur des sédiments lacustres ou des alluvions fluviatiles, comme ceux qu'on retrouve au Madagscar. Ils varient suivant leur substrat ou leur position géographique. On distingue les formations sableuses, les sols salins qui dominent les interfluves et les vertisols des dépressions mal drainées. Les vertisols sont le résultat des dépôts alluvionnaires. La couleur noire des vertisols (d'où leur nom d'argiles noires tropicales) provient de l'association entre les argiles et la matière organique. Ils ont donc une composition importante de la matière organique. Ce sont des sols qui craquent et se fissurent sous l'effet de la chaleur pendant la saison sèche et qui s'engorgent et gonflent très rapidement en saison pluvieuse.

1.4. Possibilité de l'influence géologique du Grand Rift

La **vallée du grand rift** (ou **vallée du rift africain**, ou **grand rift est-africain**) est un élément géologique majeur, qui s'étend du sud de la mer Rouge (au nord) au Zambèze (au sud) sur plus de 6 000 km de longueur, 40 à 60 km de largeur et quelques centaines à quelques milliers de mètres de profondeur. Le grand rift est-africain coupe en deux la Corne de l'Afrique : la plaque tectonique nubienne, à l'ouest, s'éloigne de la plaque somalienne, à l'est, avant de se diviser, au sud, de part et d'autre de l'Ouganda. Le rift occidental englobe les montagnes des Virunga et Ruwenzori, et plusieurs des grands lacs africains, là où l'eau a rempli la faille profonde du rift.

La vallée du grand rift est aussi surnommée le « berceau de l'humanité » car de nombreux fossiles d'Hominidés et de nombreux vestiges archéologiques très anciens y ont été découverts. C'est parce que cette vallée présente toutes les conditions requises pour créer et conserver des fossiles. Actuellement, on y trouve une variété de végétaux qu'on ne trouve nulle part au monde. Il ne serait donc pas étonnant que ce berceau de l'humanité soit aussi le berceau des chémotypes rares aux propriétés exceptionnelles, comme peut-être l'huile essentielle de l'ylang-ylang de la plaine de l'Imbo.

1.5. Systématique et morphologie de la plante d'ylang-ylang

L'ylang-ylang *(Cananga odorata)*, ou ilang-ilang, est un arbre de la famille des Annonacées. La famille des **Annonacées** ou ***Annonaceae*** est une famille de plantes dicotylédones primitives qui comprend deux mille espèces réparties en une centaine de genres. Ce sont des arbres, des arbustes ou des lianes des zones tropicales ou sub-tropicales. C'est la famille de l'Ylang-ylang *(Cananga odorata)*, certaines espèces produisent des fruits comestibles comme l'*Annona muricata* (le corossol), l'*Annona reticulata*, (le cœur de bœuf), l'*Annona squamosa* (la pomme cannelle), etc.

Originaire d'Asie du Sud-Est, l'ylang-ylang est cultivé pour ses fleurs dont on extrait par distillation une huile essentielle très utilisée en parfumerie(**2**). Ylang - ylang est un mot malais qui signifie "fleur des fleurs" ou "la reine des fleurs"(**3**).

Sa systématique se présente comme suit :

Règne	: Plantae
Sous-règne	: Tracheobionta
Division	: Magnoliophyta
Classe	: Magnoliopsida
Sous-Classe	: Magnoliidae
Ordre	: Magnoliales
Famille	: Annonaceae
Genre	: Cananga
Nom binomial	: [Cananga odorata (Lam.) Hook.f. & Thomson, 1855]

Source :   *Benini et al, 2010.*

Il existe deux formes de C. odorata : la forme genuina et la forme macrophylla, et une variété ('fruticosa')[4,5,10,15,16]. La forme *macrophylla* se distingue de la forme *genuina* par des branches possédant un port tombant. Elles sont perpendiculaires au tronc dans le cas de *genuina* et *fruticosa*. Chez macrophylla, la taille des fleurs et des feuilles est plus importante. Par ailleurs, ces deux arbres ne sont pas cultivés dans les mêmes régions. Fruticosa est une variété naine. Elle est caractérisée par un arbre de petite taille portant beaucoup de petites fleurs[3,4,6,10,15,16].

La forme de Cananga odorata dont il est question dans cette étude est la forme genuina. La figure 2 montre l'un des ylang-languiers qui ont fourni les fleurs qui ont été utilisées pour l'extraction des huiles essentielles pour cette étude.

1.5.1. L'arbre

L'ylang ylang est un grand arbre aux branches noueuses et à la croissance très rapide. Il pousse de 2 à 5 mètres par an les premières années(4). L'arbre d'ylang-ylang peut atteindre une hauteur de 15 à 25 mètres. Mais pour faciliter la récolte des fleurs par les cueilleurs, il est taillé à deux mètres de haut (Figure 2) (Guenther, 1952). Il a une écorce épaisse, lisse et de couleur blanc grisâtre à argentée. L'ylang-ylang possède deux sortes de racines : une racine pivotante pour aller chercher l'eau et des racines traçantes assurant l'alimentation organique de la plante (Ben Mohadji, 2004).

Figure 2: L'arbre d'ylang-ylang [1](HARERIMANA P.C, 2012)

---

[1] Un des trois arbres d'ylang-ylang situés aux Galeries ELITE, 83 Chaussée Prince Louis RWAGASORE. En deux ans ils ont déjà atteint plus de trois mètres de hauteur.

1.5.2. Les feuilles, les fleurs et les fruits

Les feuilles d'ylang-ylang sont vert foncées, simples, alternes et persistantes. Le pétiole est assez court (1 à 2 cm) et le limbe, long de 15 à 25 cm et large de 6 à 10 cm, se termine en pointe et possède une nervure principale jaunâtre sur laquelle alternent obliquement des nervures secondaires, saillantes en dessous de la feuille. La feuille est en forme de gouttière et est plus verte et plus luisante sur la face supérieure (Figure 3) (Brulé et Pecout, 1995).

Six à douze fleurs sont réunies en une inflorescence cymeuse de type hélicoïdal. Chacune de celles-ci est caractérisée par la présence de 3 petits sépales verts, épais et en forme demi-ovale, et de 6 pétales, disposés en deux verticilles de 3 pétales chacun, longs et lancéolés, l'un intérieur et l'autre extérieur. Les pétales intérieurs possèdent une tache rouge sur la partie interne de leur base et sont plus grands que les pétales extérieurs. On rencontre parfois des fleurs dont la corolle n'est pourvue que de 4 ou 5 pétales, les autres ayant avorté. Au stade juvénile, la fleur est verte et poilue avec des nervures longitudinales. Les pétales peuvent atteindre 4 à 8 centimètres de longueur. Quand le bouton floral s'ouvre, la fleur encore toute petite n'a pas d'odeur, puis les poches oléifères deviennent de plus en plus grandes et leur nombre de plus en plus important (Brulé et Pecout, 1995).

Au bout de quinze à vingt jours, la fleur, après être passée par le jaune pâle, devient franchement jaune et dégage une puissante odeur. La tache rouge, située au cœur de la fleur, est alors très marquée (Figure 3). C'est l'époque de la cueillette, moment où les fleurs contiennent un maximum d'huile et où la qualité de celle-ci est la plus élevée. Les fleurs se succèdent continuellement sur l'arbre pendant toute l'année, mais ne grandissent pas toutes en même temps (Guenther, 1952).

Figure 3 : (a) Feuille d'ylang-ylang ; (b) Fleur mature d'ylang-ylang

Figure 4 : (a) Fruit immature d'ylang-ylang(5) ; (b) Fruit mature d'ylang-ylang

Le fruit consiste en une baie oblongue en forme de poire de 4 centimètres de long et contient 6 à 12 petites graines de couleur marron foncé à maturité (Figure 4b). Il est de couleur verte à bleu très foncé (Figure 4a) (Guenther, 1952).

1.6. Exigences écologiques de la plante d'ylang-ylang

L'arbre d'ylang-ylang est très rustique. Il s'agit d'une espèce pionnière, s'adaptant à une large gamme de sols, allant du sablonneux à l'argileux. (Brulé et Pecout, 1995). Il peut pousser sur des sols à texture légère, moyenne et lourde. Il supporte des variations de pH allant de 4,5 à 8,0. Il exige des terrains bien drainés mais tolère des sols détrempés sur une courte période. Son système racinaire bien développé lui permet de pousser sur des sols à forte pente. C'est donc un arbre intéressant pour lutter contre l'érosion (Manner et Elevitch, 2006).

L'ylang-ylang pousse aussi bien sous climat équatorial que sous climat subtropical maritime. C'est un composant des forêts tropicales humides et des forêts semi-sèches. On le retrouve à des altitudes variant de 1 à 800 mètres et parfois jusqu'à 1200 mètres près de l'équateur. Cependant, au-dessus de 600 mètres, les rendements sont économiquement insignifiants. Les zones idéales de production vont de 5 à 300 mètres d'altitude. La culture d'ylang-ylang est sensible aux fortes pluies, qui provoquent la chute des fleurs. Les besoins annuels en eau sont de 1500 à 2000 millimètres, mais l'arbre supporte des précipitations moyennes annuelles allant de 700 à 5000 millimètres (Manner et Elevitch, 2006).

C'est une plante de basse altitude se développant très bien dans les zones bien arrosées avec une saison sèche inférieure ou égale à 5 mois. L'ylang-

ylang préfère des températures élevées, comprises entre 25 et 31°C (Ben Mohadji, 2004). Il ne supporte pas des températures inférieures à 5°C. L'ylang-ylang pousse mieux en plein soleil mais il tolère l'ombre. On le rencontre parfois en agroforesterie. Les feuilles d'ylang-ylang et son tronc sont fragiles. Cependant, l'arbre repousse vigoureusement même après des dommages dus au vent. (Manner et Elevitch, 2006). La Plaine de l'IMBO remplit toutes ces conditions climatiques.

1.7. Culture de la plante d'ylang-ylang

L'ylang-ylang est un arbre facile à vivre, sans exigences particulières quant au sol, à l'irrigation ou à l'apport d'engrais, et très résistant aux maladies(**6**). L'ylang-ylang se produit essentiellement par semis. Il est alors conseillé de faire tremper les graines 24 heures dans l'eau chaude, semer ensuite dans un substrat composé de terreau. Il faut conserver le substrat humide afin d'éviter les moisissures. La germination survient entre deux et trois semaines(**7**).

Il se prête difficilement au bouturage car il montre une capacité végétative faible (Association des Naturalistes de Mayotte, 2006). La pratique de provignage est très rare. Les graines ont une dormance de 25 à 60 jours en fonction des périodes de l'année. Ce sont celles qui ont 6 à 12 mois qui ont meilleurs chances de germination. Le semis se fait théoriquement en pépinière sur un sol moyennement riche, bien arrosé et pas trop ensoleillé. L'arbuste est planté en champ lorsqu'il atteint 20 à 30 cm de haut. Pendant la première année il est planté en tant que culture intercalaire pour bénéficier de son ombrage(**8**).

Les travaux d'entretien consistent à empêcher l'envahissement des plantations par la végétation secondaire (désherbage au pied des arbres) et à maintenir l'étalement (port parasol) et la faible hauteur de l'arbre. Ces travaux d'entretien sont répétés 3 ou 4 fois par an (Laffaire, 2008)

Le premier écimage est réalisé à l'âge de deux ans et demi ou trois ans. Lorsque l'arbre atteint deux à trois mètres de haut, la cime de l'arbre est supprimée. L'arbre pousse alors en largeur et non en hauteur car sous l'effet de l'arrivée de la sève les branches s'alourdissent et tombent à portée de la main.

La taille consiste à sélectionner les branches tombantes et supprimer les gourmands. Elle est effectuée trois fois par an et ce dans le but de faciliter le travail des cueilleuses (**8**). Un ylang-ylanguier commence à produire au bout de deux ans et est en pleine production à 5 ans (**3**) et la production peut durer 25 à 30 ans (**8**).

Chapitre 2
Généralités sur l'extraction de l'huile essentielle

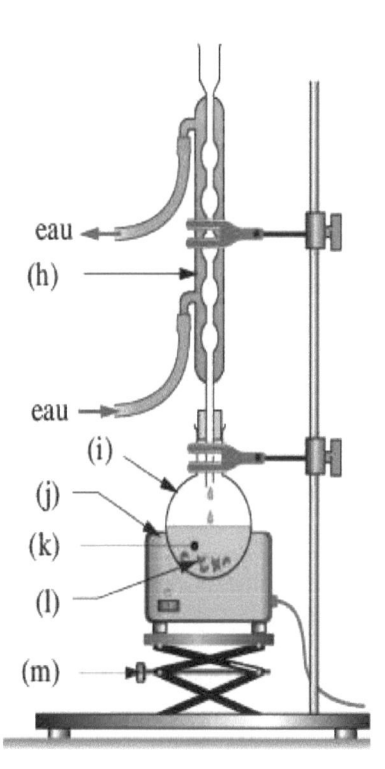

eau ←
(h) →

eau →
(i)
(j)
(k)
(l)
(m)

2.1. Notion d'essence et d'huile essentielle

2.2. Localisation d'huile essentielle dans les végétaux

2.3. Méthodes d'extraction des huiles essentielles

2.4. Autres méthodes d'obtention des extraits volatils

2.5. Dispositif d'extraction des essences

2.6. Identification et analyses chromatographiques

2.7. Principes de détermination des indices de qualité

2.8. Conditions de conservation et de stockage

« Les huiles essentielles sont généralement extraites par l'entraînement à la vapeur avec un système de réfrigérant, dans un alambic ou avec un dispositif de type Clevenger »

2.1. Notion d'essence et d'huile essentielle

Les huiles essentielles, appelées communément « essences », constituent l'ensemble des substances odorantes volatiles présentes dans les végétaux, leur volatilité les opposant aux huiles fixes qui sont des lipides. Ces huiles essentielles sont des mélanges des constituants plus ou moins complexes, et se présentent généralement sous forme liquide. Cependant, certains mélanges se trouvent sous forme solide, par exemple les stéaroptènes ou le camphre de l'huile essentielle du camphrier. Les huiles essentielles sont donc des liquides en général incolores avec des exceptions de couleur, jaune, rougeâtre (cannelle), bleu (camomille) ou verte (absinthe). Ce sont des compositions puissantes du goût, très inflammables, odorantes, solubles dans l'alcool et l'éther et insolubles dans l'eau, à laquelle elles communiquent cependant leur odeur.

La définition AFNOR précise qu'il s'agit des produits obtenus soit à partir des matières premières naturelles par entrainement à la vapeur d'eau, soit à partir de l'épicarpe de fruits de citrus par des procédés mécaniques qui sont séparés de la phase aqueuse par des procédés physiques, soit enfin par distillation sèche. Cette définition correspond également à celle de la pharmacopée. Elle est cependant restrictive et pour l'industrie cosmétique, les huiles essentielles peuvent être obtenues par extraction à l'aide de solvant ou par tout autre procédé (gaz sous pression notamment). On obtient ainsi des concrètes, des résinoïdes, des absolues (Martini et Seiller, 2006).

Les essences ne sont pas à confondre avec les huiles essentielles quoiqu'on a souvent l'habitude de remplacer l'un par l'autre. Les essences sont des substances aromatiques naturelles sécrétées par la plante. Pour les agrumes, on extrait principalement l'essence par l'expression du zest. On devrait dire « *essence du citron* » et non « *huile essentielle de citron* ». Lors de sa transformation par distillation, l'essence subit une modification biochimique et devient huile essentielle. L'huile essentielle est donc l'essence de la plante distillée (**10**).

Les huiles essentielles doivent leur nom à ce qu'elles sont très réfringentes, hydrophobes et lipophiles. Elles ne sont que très peu solubles ou pas du tout dans l'eau. On les retrouve dans le protoplasme sous forme d'émulsion plus ou moins stable qui tend à se collecter en gouttelettes de grosse taille. Par contre, elles sont solubles dans les solvants des lipides (acétone, sulfure de carbone, chloroforme, etc.) et, à l'inverse des glycérides, dans l'alcool. Mais à ces caractères de solubilité se limite la ressemblance avec les huiles grasses (Benayad, 2008).

Contrairement à ce que le terme pourrait laisser penser, les huiles essentielles ne contiennent pas de corps gras comme les huiles végétales obtenues avec des pressoirs (huile de tournesol, de maïs, d'amande douce, etc.) (Laffaire, 2008). Il s'agit de la sécrétion naturelle élaborée par le végétal et contenue dans les cellules de la plante, soit dans les fleurs (ylang-ylang, bergamotier, rosier), soit dans les sommités fleuries (tagète, lavande), soit dans les feuilles (citronnelle, eucalyptus), ou dans l'écorce (cannelier), ou dans les racines (vétiver), ou dans les fruits (vanillier), ou dans les graines (muscade) ou encore autre part dans la plante. Le terme «huile» s'explique par la propriété que présentent ces composés de se solubiliser dans les graisses et par leur caractère hydrophobe. Le terme «essentielle» fait référence au parfum, à l'odeur plus ou moins forte dégagée par la plante.

Si les huiles essentielles forment une tache transparente sur le papier, celle-ci disparaît rapidement car les essences végétales sont très volatiles (contrairement aux résines qui, habituellement dissoutes dans les essences, laissent un résidu visqueux ou solide après évaporation des essences). Grâce à cette propriété, les essences végétales diffusent rapidement au travers des épidermes, même au travers des cuticules épaisses et se répandent dans l'atmosphère. Ce caractère, associé à la propriété qu'ont la plupart des essences végétales de posséder une odeur très prononcée, et souvent agréable, les rend responsables de l'odeur caractéristique de nombreux végétaux odoriférants (Binet et Brunel 1967).

2.2. Localisation d'huile essentielle dans les végétaux

Les huiles essentielles se rencontrent dans l'ensemble du règne végétal. Cependant, elles sont particulièrement abondantes chez une cinquantaine de familles botaniques. Outre la famille des **Annonacées** ou *Annonaceae* dont fait partie l'ylang-ylang *(Cananga odorata)*, les autres familles connues comme sources importantes d'huile essentielle sont les suivantes[2] :

- La famille des **Apiacées** *(Apiaceae)*, appelées aussi **Ombellifères** (*Umbelliferae*, nom alternatif), est une famille de plantes dicotylédones. Selon Watson & Dallwitz, elle comprend près de 3 000 espèces réparties en 420 genres et sont surtout présentes dans les régions tempérées du monde. C'est une famille relativement homogène, caractérisée notamment par son inflorescence typique, l'ombelle. Une seule espèce a une importance économique notable: la carotte. Plusieurs fournissent des condiments appréciés, certaines sont toxiques comme la grande ciguë.

- La division ou embranchement des **pinophytes** (ou **conifères**), anciennement connue sous le nom de **coniférophytes** (ou *Coniferophyta*), ne comprend qu'une classe : celle des Pinopsida. Ce sont des plantes vasculaires à graines en cônes apparues sur Terre il y a 150 millions d'années, bien avant les feuillus. Tous les conifères existants sont des plantes ligneuses dont la grande majorité sont des arbres, les autres étant des arbustes. Les conifères les plus répandus sont les cèdres,

---

[2] Wikipédia (taper dans le navigateur le nom de la famille que l'on cherche, par exemple : « Apiacées »

cyprès, douglas, le sapin, genévrier, agathis, mélèze, pin, séquoia, épicéa et l'if.

- La famille des **Cupressaceae** (Cupressacées, aussi nommé Cupressinées), est une famille de plantes gymnospermes. Le contenu de cette famille a beaucoup changé entre classification classique et classification phylogénétique.

- Les **Lamiaceae** ou **Labiatae** (**Lamiacées**, **Labiacées** ou **Labiées**) sont une importante famille de plantes dicotylédones qui comprend environ 6 000 espèces et près de 210 genres. La famille des *Dicrastylidiaceae* (encore appelée *Chloanthaceae*) y est incorporée par la classification phylogénétique. Ce sont 11 genres d'arbustes des régions tropicales d'Afrique de l'Est, de Madagascar, des Mascareignes, d'Australie et des Îles du Pacifique. Certains genres provenant de la famille des *Verbenaceae* y sont maintenant incorporés.

- La famille des **Lauracées** est une famille de plantes angiospermes de divergence ancienne, qui comprend plus de 2000 espèces réparties en une cinquantaine de genres. Ce sont des arbres ou des arbustes à feuilles quasi persistantes.

- La famille des **Myrtacées** est une famille de plantes dicotylédones qui comprend trois mille espèces réparties en 48 à 134 genres environ. Ce sont des arbres et des arbustes, souvent producteurs d'huiles aromatiques, des zones tempérées, sub-tropicales à tropicales, poussant principalement en Australie et en Amérique tropicale. Dans cette famille on peut citer les genres *Eucalyptus.*

- La famille des **Pipéracées** est une famille de plantes dicotylédones de divergence ancienne. Ce sont des arbustes, des lianes ou des petits arbres des régions tropicales. On peut citer le genre *Piper* avec *Piper nigrum* le poivrier qui produit le poivre noir (en fait noir, blanc ou vert selon le stade de maturation de la baie).

- La famille des **Rutacées** est une famille de l'ordre des Sapindales. Elle comprend 900 espèces réparties en 150 genres. Aujourd'hui la famille est plus grande (160 genres). Ce sont des arbres, des arbustes ou plus rarement des plantes herbacées des régions tempérées à tropicales, producteurs d'huiles essentielles. Les agrumes (comme l'oranger, le citronnier, etc.) appartiennent à cette famille.

- La famille des **Zingibéracées** est une famille de plantes monocotylédones qui comprend 700 espèces réparties en une cinquantaine de genres. Ce sont des plantes herbacées pérennes, productrices d'huiles essentielles, des régions tropicales. Dans cette famille, plusieurs espèces sont utilisées comme épices, notamment : le gingembre, le curcuma, la cardamome, le galanga, le poivre de Guinée, la zédoaire, etc.

Une plante peut donner plusieurs huiles essentielles. L'orange par exemple donne trois huiles essentielles : la fleur donne le Néroli utilisé intensivement comme eau de Cologne, la feuille donne le Petit Grain utilisé en création rafraichissante, et le Zeste donne l'essence utilisée dans les notes de tête fraiches (Smadja, 2009).

On peut se poser la question de savoir où trouve-t-on les huiles essentielles dans les végétaux. Toutes les parties des plantes aromatiques, tous leurs organes végétaux, peuvent contenir de l'huile essentielle (Hurtel, 2006). Le tableau 1 illustre cette diversité.

Tableau 1 : Quelques plantes à huile essentielle et la partie de la plante où elle est extraite.

Partie utilisée	Plante
Fleurs	Rose, Jasmin, Mimosa, Fleurs d'oranger, Tubercule, Camomille, Ylang-ylang, Clou de girofle, Helichryse,...
Fruit	Gousse de vanille, Noix de muscade, Baie de Genièvre, Paprika, Clou de Girofle, fève de tonka, fenouil, Anis, Epicarpe de citrus
Feuilles, partie herbacée	Géranium rosat, Laurier, Patchouli, Menthe, Violette, Oranger, Eucalyptus, Thym, Sarriette, Sauge,
Sommités fleuries	Lavande, Lavandin, Basilic, Romarin, Thym, Sauge, Estragon
Bourgeon, boutons floraux	Cassis
Graines	Poivre, Cardamome, Café, Persil, Aneth, Cumin, Céleri, Carvi, Carotte, Coriandre, Noix de muscade
Racines et rhizomes	Iris, Vétiver, Gingembre, Angélique, Nard
Bois et écorce	Cannelle, Bois de Santal, Bois de rose, Cèdre
Epines et rameaux	Sapin, Pin, Cyprès, Epicéa
Ecorce de fruits	Orange, Citron, Bergamote
Les résines	Encens, Myrrhe, pin
Plante entière	Estragon, Basilic

Source: Martini et Seiller , 2006 ; Hurtel , 2006 ; site (**11**).

2.3. Méthodes d'extraction des huiles essentielles

Il existe plusieurs méthodes pour extraire les huiles essentielles. Les principales sont basées sur l'entraînement à la vapeur, l'expression, la solubilité et la volatilité. Le choix de la méthode la mieux adaptée se fait en fonction de la nature de la matière végétale à traiter, des caractéristiques physico-chimiques de l'essence à extraire, de l'usage de l'extrait et l'arôme du départ au cours de l'extraction (Samate, 2001).

L'huile essentielle d'ylang-ylang est obtenue par distillation des fleurs fraîches de *Cananga odorata* (Lamarck) J.D. Hooker et Thomson variété *genuina* (AFNOR, 2000*a*). La particularité de cette huile est qu'elle n'est généralement pas recueillie sous la forme d'huile essentielle complète, mais en cinq fractions successives au cours de sa distillation. Ce sont ces cinq fractions, appelées respectivement « Extra supérieure» (E.S) « Extra »(E), « Première »(I), «Deuxième»(II) et «Troisième» (III) qui sont habituellement commercialisées (Guenther, 1952). Le mélange de ces différentes fractions donne ce qu'on appelle « l'huile essentielle complète »(**13**).

Le rendement en huile varie suivant la saison et la durée de distillation. Dans les conditions normales il est d'environ 2 à 2,25 %. C'est-à-dire que pour 100 kg de fleurs fraîches, on obtient 2 à 2,25 kg d'huile, toutes catégories confondues (Guenther, 1952). L'extraction des huiles essentielles d'ylang-ylang fait appel à l'une ou l'autre des méthodes ci-après.

2.3.1. L'entraînement à la vapeur d'eau

Au-dessus d'un système de deux liquides complètement non miscibles, la pression de vapeur est la somme des pressions de vapeur des deux constituants purs. Chaque liquide émet sa propre pression de vapeur. La pression de vapeur est donc indépendante des compositions globales, des quantités des composants en présence et la composition de la phase vapeur est telle que :

$$\frac{P_A}{P_B} = \frac{P_A^\circ}{P_B^\circ} = \text{constante}$$

et $\quad P = P_A^\circ + P_B^\circ$

Un tel système bout lorsque la pression totale P de la vapeur atteint la pression atmosphérique et par conséquent à une température inférieure à la température d'ébullition de chacun des deux constituants purs. La température d'ébullition demeure constante jusqu'à épuisement de l'un des deux constituants. Cette technique de "co-distillation" permet d'abaisser la température de distillation d'un composé thermiquement sensible à sa température normale d'ébullition. Après distillation, les deux composés sont facilement séparables puisqu'ils sont non miscibles. Or, la plupart des composés volatils contenus dans les végétaux sont entraînables par la vapeur d'eau, du fait de leur point d'ébullition relativement bas et de leur caractère hydrophobe. C'est bien le cas des huiles essentielles. Sous l'action de la vapeur d'eau introduite ou formée dans l'extracteur, l'essence se libère du tissu végétal et est entraînée par la vapeur d'eau. Le mélange de vapeurs est condensé sur une surface froide et l'huile essentielle se sépare par décantation (Bruneton, 1993).

En fonction de sa densité, elle peut être recueillie à deux niveaux: au niveau supérieur du distillat, si elle est plus légère que l'eau, ce qui est fréquent ; au niveau inférieur, si elle est plus dense que l'eau. Les principales variantes de l'extraction par l'entraînement à la vapeur d'eau sont l'hydrodistillation, la distillation à vapeur saturée et l'hydrodiffusion. On appelle « eau aromatique » (à ne pas confondre avec eau aromatisée) ou « hydrolat » ou « eau distillée florale » le distillat aqueux qui subsiste après l'entraînement à la vapeur d'eau, une fois la séparation de l'huile essentielle effectuée.

2.3.2. L'hydrodistillation

Le principe de l'hydrodistillation est celui de la distillation des mélanges binaires non miscibles. Elle consiste à immerger la biomasse végétale dans un alambic rempli d'eau, que l'on porte ensuite à l'ébullition. La vapeur d'eau et l'essence libérée par le matériel végétal forment un mélange non miscible. Les composants d'un tel mélange se comportent comme si chacun était tout seul à la température du mélange, c'est à dire que la pression partielle de la vapeur d'un composant est égale à la pression de vapeur du corps pur. Cette méthode est simple dans son principe et ne nécessite pas un appareillage coûteux. Cependant, à cause de l'eau, de l'acidité, de la température du milieu, il peut se produire des réactions d'hydrolyse, de réarrangement, de racémisation, d'oxydation, d'isomérisation, etc. qui peuvent très sensiblement conduire à une dénaturation.

L'hydrodistillation a d'abord pour objet de faire dégager à l'état de vapeur la substance odorante incorporée dans la matière végétale (Dumortier, 2006), ce qui s'opère dans un alambic, puis de la faire repasser à l'état de liquide pour la récupérer, opération qui se produit dans un réfrigérant (Laffaire, 2008). L'alambic, dans lequel on place les fleurs dans l'eau bouillante, est surmonté d'un chapiteau qui est fermé, soit hermétiquement, soit grâce à un joint hydraulique constitué entre l'alambic et le chapiteau. Ce dernier se continue par un col de cygne, par où se dégagent les vapeurs, qui se prolonge par un serpentin qui plonge dans l'eau du réfrigérant. Les vapeurs qui arrivent dans le serpentin froid produisent en se condensant une dépression qui entraîne un nouvel appel de vapeurs de l'alambic. L'extrémité du serpentin permet l'écoulement des produits condensés (huile et hydrolat) dans le vase florentin. Rapidement, les gouttelettes du liquide se forment et montent à la surface de l'eau, leur densité étant inférieure à celle-ci. Il suffit alors de récupérer l'huile en surface, tandis que l'eau qui se trouve en dessous retourne dans l'alambic. La distillation va durer entre 10 et 20 heures et parfois plus.

Les avantages de cette méthode sont la simplicité du dispositif et les investissements peu élevés (Laffaire, 2008). L'hydrodistillation permet d'éviter l'extraction des composés non volatiles (El Kalamouni, 2010). Les désavantages sont les dégradations dues à l'eau qui provoque l'hydrolyse des esters, principalement si l'eau n'est pas assez chaude avant l'immersion des fleurs (Laffaire, 2008).

2.3.3. La distillation à vapeur saturée

La distillation à vapeur saturée est la méthode la plus utilisée à l'heure actuelle dans l'industrie pour l'obtention des huiles essentielles à partir de plantes aromatiques ou médicinales. En général, elle est pratiquée à la pression atmosphérique ou à son voisinage et à 100°C, température d'ébullition d'eau. Son avantage est que les altérations de l'huile essentielle recueillie sont minimisées.

Toutefois, cette méthode est proche de l'hydrodistillation à la différence fondamentale près que lorsque les distillations sont réalisées par entraînement à la vapeur, une grille perforée est placée dans le fond de l'alambic (Guenther, 1952) et la matière végétale est disposée sur ces plaques perforées. Cela représente l'avantage de ne pas mettre en contact l'eau et les fleurs et donc d'éviter au maximum que les fleurs se collent dans le fond de l'alambic, brûlent et communiquent un goût désagréable au produit distillé. De plus, le parfum de l'huile essentielle obtenue est plus délicat et la distillation, plus uniforme, régulière et plus rapide fait que les notes de tête sont plus riches en esters (moins d'hydrolysés). L'entraînement à la vapeur peut aussi être réalisé avec un générateur de vapeur séparé. Les avantages sont un meilleur contrôle de la température, une isolation thermique du système et moins de dégradations de l'huile. Toutefois, ce dispositif est plus complexe et plus coûteux (Dumortier, 2006).

2.3.4. L'hydrodiffusion

Elle consiste à pulser de la vapeur d'eau à travers la masse végétale, du haut vers le bas. Ainsi le flux de vapeur traversant la biomasse végétale est descendant contrairement aux techniques classiques de distillation dont le flux de vapeur est ascendant. L'avantage de cette technique est traduit par l'amélioration qualitative et quantitative de l'huile récoltée, l'économie du temps, de vapeur et d'énergie.

2.3.5. L'expression à froid

L'extraction par expression à froid est souvent utilisée pour extraire les huiles essentielles des agrumes comme le citron, l'orange, la mandarine, etc. Son principe consiste à rompre mécaniquement les poches à essences. L'huile essentielle est séparée par décantation ou centrifugation. D'autres machines rompent les poches par dépression et recueillent directement l'huile essentielle, ce qui évite les dégradations liées à l'action de l'eau.

2.4. Autres méthodes d'obtention des extraits volatils

2.4.1. Extraction par solvants

Cette méthode d'extraction est basée sur le fait que les essences aromatiques sont solubles dans la plupart des solvants organiques. L'extraction se fait dans des extracteurs de construction variée, en continu, semi-continu ou en discontinu. Le procédé consiste à épuiser le matériel végétal par un solvant à bas point d'ébullition qui par la suite, sera éliminé par distillation sous pression réduite. L'évaporation du solvant donne un mélange odorant de consistance pâteuse dont l'huile est extraite par l'alcool.

L'extraction par les solvants est très coûteuse à cause du prix de l'équipement et de la grande consommation des solvants. Un autre désavantage de cette extraction par les solvants est leur manque de sélectivité; de ce fait, de nombreuses substances lipophiles (huiles fixes, phospholipides, caroténoïdes, cires, coumarines, etc.) peuvent se retrouver dans le mélange pâteux et imposer une purification ultérieure (Brian, 1995).

2.4.2. Extraction par les corps gras

La méthode d'extraction par les corps gras est utilisée en fleurage dans le traitement des parties fragiles de plantes telles que les fleurs, qui sont très sensibles à l'action de la température. Elle met à profit la liposolubilité des composants odorants des végétaux dans les corps gras. Le principe consiste à mettre les fleurs en contact d'un corps gras pour le saturer en essence végétale. Le produit obtenu est une pommade florale qui est ensuite épuisée par un solvant qu'on élimine sous pression réduite. Dans cette technique, on peut distinguer l'enfleurage où la saturation se fait par diffusion à la température ambiante des arômes vers le corps gras et la digestion qui se pratique à chaud, par immersion des organes végétaux dans le corps gras (Brian, 1995).

2.4.3. Extraction par micro- ondes

Le procédé d'extraction par micro-ondes appelée « Vacuum Microwave Hydrodistillation (VMHD) » consiste à extraire l'huile essentielle à l'aide d'un rayonnement micro-ondes d'énergie constante et d'une séquence de mise sous vide. Seule l'eau de constitution de la matière végétale traitée entre dans le processus d'extraction des essences. Sous l'effet conjugué du chauffage sélectif des micro-ondes et de la pression réduite de façon séquentielle dans l'enceinte de l'extraction, l'eau de constitution de la matière végétale fraîche entre brutalement en ébullition. Le contenu des cellules est donc plus aisément transféré vers l'extérieur du tissu biologique, et l'essence est alors mise en oeuvre par la condensation, le refroidissement des vapeurs et puis la décantation des condensats. Cette technique présente les avantages suivants: rapidité, économie du temps d'énergie et d'eau, extrait dépourvu de solvant résiduel (Mompon, 1994 ; Brian ,1995).

2.5. Dispositifs d'extraction des essences

Le dispositif à utiliser pour l'une ou l'autre des méthodes d'extraction de l'huile essentielle dépendra des quantités voulues. Dans un laboratoire, on se contentera d'un montage de distillation de type Clevenger. Dans l'industrie ou l'artisanat, l'ensemble du dispositif utilisé pour l'extraction de l'huile essentielle est l'alambic :

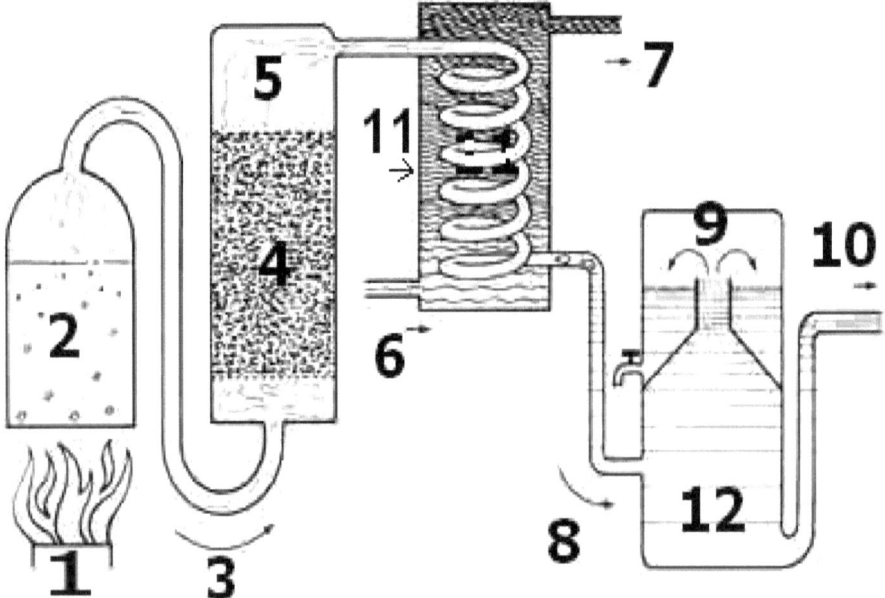

Figure 5: Schéma de principe d'un alambic utilisé pour l'extraction des huiles essentielles

Eléments constitutifs d'un alambic :

1 : feu	7 : eau chaude
2 : eau	8 : eau + HE
3 : vapeur d'eau	9 : huile essentielle
4 : plantes aromatiques	10 : hydrolat
5 : vapeur d'eau chargée d'HE	11 : serpentin
6 : eau froide	12 : essencier

Les quatre éléments essentiels d'un alambic sont : Une cuve (4) dans laquelle on place les plantes à distiller. Cette cuve peut être en cuivre, en verre ou en inox et de taille variable. Les plantes sont dissociées de l'eau dans la même cuve : ce sont des alambics à feu séparé. La cuve peut être chauffée de différente manière : bain-marie, bois, chaudière séparée. La cuve est recouverte par un chapiteau qui est prolongé par un col de cygne. Ce col de cygne est raccordé à un serpentin (11) de refroidissement. Pour cela, celui-ci est plongé dans une cuve d'eau froide. Le serpentin débouche sur l'essencier (vase florentin), muni de deux robinets. Celui du bas (10) permet de recueillir l'hydrolat ou eau florale et celui du haut l'huile essentielle. L'essencier (12) est de préférence en inox.

2.6. Identification et analyses chromatographiques

L'analyse des HE, l'identification des constituants, la recherche d'éventuelles falsification peuvent se faire à l'aide de techniques telles que la chromatographie en phase gazeuse sur phases stationnaires polaires, apolaires ou chirales, couplée avec une détection par spectrométrie de masse ou IRTF (Infrarouge à transformée de Fourier). L'analyse isotopique, par exemple la mesure des rapports $13C/12C$, $D/H10$ ou $18O/16O$ peut aussi contribuer à la recherche de fraudes.

Cependant, en routine et selon les référentiels classiques (Pharmacopée européenne, ISO, AFNOR), l'évaluation de la qualité des HE est réalisée par la mesure d'un certain nombre d'indices et des analyses chromatographiques simples :

(a) Indices physiques :
- densité relative,
- indice de réfraction,
- angle de rotation optique,
- point de solidification, résidu d'évaporation,
- solubilité dans l'alcool ...

(b) Indices chimiques :
- indice d'acide,
- indice d'esters,
- indice de peroxyde...

(c) Analyses chromatographiques :
- chromatographie sur couche mince,
- chromatographie en phase liquide à haute performance (CLHP)
- chromatographie en phase gazeuse (Pharmacopée, ISO, AFNOR).

Cette dernière est la méthode de choix qui permet de réaliser le profil chromatographique de l'huile essentielle, et d'en préciser le chémotype.

A ces paramètres, on peut aussi ajouter les caractéristiques organoleptiques telles que l'aspect, la couleur et l'odeur. Nous pouvons souligner que les huiles essentielles sont généralement liquides à la température ambiante, d'odeurs aromatiques, rarement colorées quand elles sont fraîches. Leur densité est plus souvent inférieure à celle de l'eau. Elles ont un indice de réfraction élevé et, le plus souvent, sont doués d'un pouvoir rotatoire. Elles sont volatiles et entraînables par la vapeur d'eau, elles lui communiquent leur odeur. Elles sont solubles dans l'alcool, l'éther, les huiles fixes et la plupart de solvants organiques. (Guenter, 1975).

Les premières parties d'essence entraînées contiennent les constituants les plus recherchés de l'huile essentielle (finesse et richesse en ester), tandis que les fractions distillées par la suite sont constituées de sesquiterpènes moins riches sur le plan olfactif. Il y a donc baisse progressive de la qualité de l'huile essentielle au fur et à mesure de sa production. L'art du distillateur va être de séparer ces différentes qualités par fractionnement. Le but est d'isoler chacune des catégories d'huile essentielles d'ylang-ylang à savoir l'«Extra supérieur» (Es), l'«Extra» (E), la « Première » (I), la «Deuxième» (II) et la «Troisième» (III).

2.7. Principes de détermination des indices de qualité

2.7.1. L'indice d'acide

Les huiles sont des esters du glycérol, triesters désignés sous le nom de triglycérides ou corps gras. Au cours du temps, les triglycérides s'altèrent en s'hydrolysant lentement en acides gras correspondants et en glycérol.

$$R - C \overset{O}{\underset{O-R'}{\diagdown}} \quad + \quad H_2O \quad \rightleftharpoons \quad R - C \overset{O}{\underset{O-H}{\diagdown}} \quad + \quad R'-OH$$

Ester   Eau   Acide   Alcool

Ou encore, dans le cas d'un triglycéride

$$R_1-COO-CH_2$$
$$R_2-COO-CH \quad + \quad 3\ H_2O \quad \rightleftharpoons \quad R_2COOH \quad + \quad HO-CH$$
$$R_3-COO-CH_2 \qquad\qquad\qquad R_3COOH \qquad HO-CH_2$$

triester gras   eau   acides   propan-1,2,3-triol
(triglycéride)   carboxyliques   (glycérol)

Un faible indice acide témoigne d'une bonne conservation de l'huile essentielle. Dans le cas d'ylang-ylang, I_a doit être inférieur à 2. En effet, lors de sa production, une huile quelque soit sa qualité ne contient que très peu d'acide, ce n'est que lors de sa conservation qu'elle gagnera en acide (devenant progressivement inutilisable).

Cette méthode convient pour toutes les huiles essentielles, sauf pour celles qui sont riches en lactones. Ces derniers sont des esters internes qui proviennent de l'estérification des radicaux acides et alcools contenus dans une même molécule. Les lactones possèdent généralement une puissante odeur fruitée ou lactée, proche notamment de la pêche et de la noix de coco, mais aussi de l'herbe fraichement coupée et du beurre. Elles sont présentes par exemple dans les huiles essentielles de fève Tonka sous forme de « *Coumarine* », les huiles essentielles de Céleri sous forme de « *Sédanolide* », ainsi que dans les huiles essentielles de racines de Costus sous forme de « *Costuslactone* ». On les trouve encore dans les huiles essentielles des racines d'Aunée sous forme « *d'Allantolactone ou Hélénine* », et dans les huiles essentielles de Citron et de Bergamote sous forme de « *Citraptène et de Bergaptène* ». Fort heureusement, ces esters ne sont pas présents dans l'huile essentielle d'ylang-ylang.

L'indice d'acide, noté Ia, indique la quantité d'acides gras libres dans une huile. Il est défini comme la masse d'hydroxyde de potassium, exprimée en mg, nécessaire au titrage de tous les acides libres contenus dans 1,0 g de cette huile. L'huile dégradée contient de plus en plus d'acides libres ce qui fait croître son indice d'acide. La mesure de cette acidité libre est un moyen pour déterminer son altération.

2.7.2. L'indice d'ester

L'indice ester est un indicateur renvoyant directement à la qualité de l'huile étudiée. En effet, les huiles essentielles de très bonnes qualités renferment une très grande quantité d'esters (et proportionnellement, moins la qualité d'une huile est élevée, et moins elle contiendra d'esters). Le test de l'indice acide est un procédé indirect pour déterminer le taux d'ester contenu dans l'huile essentielle. Durant l'hydrolyse d'un ester (dans l'eau), on observe l'apparition d'acide. L'indice ester correspond à la masse de base nécessaire pour neutraliser les acides libérés durant l'hydrolyse des esters, et pour déterminer cette masse de potasse consommée durant la réaction, on va effectuer un dosage en retour (en dosant l'excès de potasse avec de l'acide chlorhydrique pour déterminer la quantité, et donc la masse de potasse utilisée pour neutraliser les acides).

L'hydrolyse d'un ester est la réaction inverse de l'estérification : l'eau réagit avec un ester pour former un alcool et un acide carboxylique. C'est cet acide formé qui est dosé avec le KOH.

2.7.3. L'indice de réfraction

L'indice de réfraction (IR) est le rapport entre le sinus de l'angle d'incidence et le sinus de l'angle de réfraction d'un rayon lumineux de longueur d'onde déterminée, passant de l'air dans l'huile essentielle maintenue à une température constante (Dumortier, 2006 ; Fauconnier, 2006). Les indices de réfraction sont mesurés à l'aide d'un réfractomètre à la température ambiante puis ramenés à 20°C par la formule suivante (Kabera *et al*, 2004) :

$$I_{20} = I_t + 0.00045 \times (t - 20)$$

Avec I_{20} : indice de réfraction à 20°C

I_t : indice de réfraction à température ambiante ou de mesure

t : température ambiante ou de mesure

2.8. Conditions de conservation et de stockage

La relative instabilité des molécules constitutives des HE implique des précautions particulières pour leur conservation. En effet, les possibilités de dégradation sont nombreuses, facilement objectivées par la mesure d'indices chimiques (indice de peroxyde, indice d'acide...), par la détermination de grandeurs physiques (indice de réfraction, pouvoir rotatoire, miscibilité à l'éthanol, densité...) et/ou par l'analyse chromatographique. Les conséquences sont multiples par exemple, photo-isomérisation, photocyclisation, coupure oxydative, peroxydation et décomposition en cétones et alcools, thermo-isomérisation, hydrolyse, transestérification. Ces dégradations pouvant modifier les propriétés et /ou mettre en cause l'innocuité de l'huile essentielle, il convient de les éviter : utilisation de flacons propres et secs en aluminium vernissé, en acier inoxydable ou en verre teinté anti-actinique, presque entièrement remplis et fermés de façon étanche (l'espace libre étant rempli d'azote ou d'un autre gaz inerte), stockage à l'abri de la chaleur et de la lumière. Dans certains cas, un antioxydant approprié peut être ajouté à l'huile essentielle. Dans ce cas, cet additif est à mentionner lors de la vente ou l'utilisation de l'huile essentielle. Par ailleurs, des incompatibilités sérieuses peuvent exister avec certains conditionnements en matières plastiques. Il existe des normes spécifiques sur l'emballage, le conditionnement et le stockage des HE (norme AFNOR NF T 75-001, 1996) ainsi que sur le marquage des récipients contenant des HE (norme NF 75-002, 1996).

Chapitre 3
Unicité de l'huile essentielle de *Cananga odorata*

3.1. Composants chimiques de l'huile essentielle d'ylang-ylang

3.2. Description olfactive des principaux constituants aromatiques

3.3. Propriétés et usages

3.4. Autres usages de l'arbre d'ylang ylang

3.5. Normes de qualité d'une huile essentielle d'ylang-ylang

3.6. Marché de l'huile essentielle d'ylang ylang

« *L'odeur du parfum d'ylang-ylang est unique, sans complexe, sans retenue, hypnotique, colorée, solaire et exotique. Elle vous transporte dans une nature luxuriante et enivrante qui fait rêver à des vacances sous les tropiques* »

3.1. Composants chimiques de l'huile essentielle d'ylang-ylang

L'huile essentielle d'ylang-ylang est un liquide jaune, d'odeur suave, formé de sesquiterpènes, d'alcools, d'esters, de phénols et d'aldéhydes. Elle contient pour un tiers du benzoate de méthyle, un liquide à odeur puissante, aux arômes d'œillet que l'on retrouve aussi dans les huiles extraites de cette dernière fleur.

Tableau 2 : Composition chimique de la fraction seconde d'huile d'ylang-ylang (Hongratanaworakit et *al*, 2004).

Constituants	Pourcentage
Benzoate de méthyle	34,00
4-méthylanisole	19,82
Benzoate de benzyle	18,97
isocaryphyllène	9,28
Germacrène D	8,15
α-farnésène	2,73
Acétate de linalyle	2,11
α-caryophyllène	2,04

L'essence d'ylang-ylang, encore appelée huile de Cananga, dégage un parfum tout à la fois floral, épicé, exotique, puissant, camphré, médicamenteux et légèrement fruité.

L'odeur de l'huile essentielle de ylang-ylang est exotique : fleurie et très chaude. Sa couleur est jaune pâle et sa texture, sirupeuse.

3.2. Description olfactive des principaux constituants aromatiques

Les principaux constituants de l'huile essentielle d'ylang-ylang révèlent la grande richesse en différentes classes de constituants chimiques. Pour les molécules principales, une description olfactive est donnée afin de mieux comprendre l'origine de l'odeur spécifique de l'ylang-ylang (Dumortier, 2006, Valade, 2010).

3.2.1. Les esters

Eléments odoriférants importants (composant l'odeur naturelle de nombreux fruits) très prisés en parfumerie. Les 3 premières catégories d'essences d'ylang ("notes de tête") sont les plus fines et les plus suaves grâce à leur richesse en ester. L'essence Extra S contient 60 à 65 % d'ester alors que l'essence III n'en contient plus que 15 à 20 %. L'acétate de benzyle, (un des constituants les plus significatifs des catégories hautes Extra S et Extra) procure, avec le géranyl, les notes fleuries-jasminées. Le méthyl benzoate, constituant majoritaire des fractions I et II, confère le corps fruité/fleuri (rappelant l'oeillet).

3.2.2. Les hydrocarbures terpeniques et sesquiterpéniques

Constituants largement présents (jusqu'à 40%) qui créent la base des notes chaudes sur laquelle viennent «s'accrocher» les autres molécules. Les sesquiterpènes, comme le germacrène et le farnésène, conférant des notes boisées et fleuries vertes sont plus abondants dans les dernières fractions (essence Troisième). Le caryophyllène et le cadinène donnent des notes poivrées et épicées.

3.2.3. Les alcools

Principalement le linalool (en proportion importante dans l'Extra S et l'Extra) qui donne les notes fraîches et fleuries citronnées (du type coriandre et basilic). Le géraniol, le farnésol, l'eugénol et le nerolidol, sont également présents, en proportions moindres, parfois à l'état de traces.

3.2.4. Les éthers

En particulier l'éther de méthyl para-crésyl qui confère l'odeur légèrement médicamenteuse, diffuse et pénétrante des catégories hautes Extra S et Extra.

3.2.5. Les aldéhydes

Constituants qui confèrent un important pouvoir de diffusion (irremplaçables en parfumerie). Le benzaldéhyde donne un caractère essentiellement fruité ; les autres aldéhydes contribuent à donner son intensité à l'odeur spécifique de l'ylang.

3.2.6. Les phénols

Présents en faible quantité mais dans toutes les catégories, en particulier le P-crésol, l'eugénol et l'isogénol qui contribuent aux notes épicées et balsamiques chaudes caractéristiques.

La composition de l'ylang-ylang est relativement simple dans ses constituants majeurs et cela a contribué à l'essor de nombreuses recherches pour la reproduire par synthèse mais le résultat reste sans comparaison possible avec l'extrême richesse de l'odeur de l'ylang-ylang naturelle, en grande partie due à la présence de nombreux sesquiterpènes. Cette particularité chimique explique en partie la raison pour laquelle les synthèses d'ylang ont été jusqu'à maintenant peu compétitives, tant d'un point de vue économique que d'un point de vue qualitatif, en comparaison avec l'huile essentielle naturelle.

Cette huile essentielle est un liquide jaune, d'odeur suave, constituée pour un tiers du benzoate de méthyle, un liquide à odeur puissante, aux arômes d'œillet. L'*essence d'ylang-ylang*, encore appelée *huile de Cananga*, dégage un parfum tout à la fois floral, épicé, exotique, puissant, camphré, médicamenteux et légèrement fruité.

3.3. Propriétés et usages

3.3.1. Usage en parfumerie

L'huile d'ylang-ylang de qualité « extra supérieure » ou « extra » est l'une des principales matières premières des parfums de très haute qualité. En effet, on la retrouve dans « L'Air du Temps » de Nina Ricci, dans « Wind Song » de Matchabelli ou encore dans « Chanel N°5 », Egalement dans « Opium » de Yves Saint Laurent ; dans Joy de Patou, Samsora de guerlin, Jean-Paul Gaultier classique, Faubourg Hermès, Ange ou Démon de Givenchy, Private Collection Amber Ylang d'Estée Lauder (Laffaire, 2008 ; Camille, 2010). Elle présente, outre son parfum, l'avantage d'être plus soluble dans l'alcool que les qualités plus basses.

3.3.2. Usage en aromathérapie

On prête à l'huile de multiples propriétés : ce serait un excellent réducteur de l'hyperpnée et de la tachycardie. On l'apprécie aussi pour ses qualités d'antidépresseur, d'hypotenseur, de sédatif, d'antiseptique pour les voies intestinales et son influence bénéfique sur les problèmes de circulation sanguine. (Laffaire, 2008).   C'est un calmant respiratoire, bronchite asmatiforme,   calmant   cardiaque,   antiarythmique,   antispasmodique, palpitation extrasystolique, tonique, stimulant intellectuelle et sexuel, asthénie sexuelle , impuissance, frigidité, aphrodisiaque, régénérateur cellulaire, tonique de la peau et des cheveux de tout type, eczéma, peau asphyxiée ou fatiguée, dermatite d'origine psychosomatique, prurit, prurigo, urticaire, pityriasis, gales, radiothérapie, antiseptique, virucide, action sur les parasites intestinaux, séborégulatrice, antidiabétique, contracture et crampe musculaire, cystite, urétrite, spasme gynécologique, antalgique (**14**). L'huile essentielle d'ylang ylang complète est particulièrement adaptée à l'aromathérapie (**15**). Elle possède des vertus multiples dont il convient de signaler ici quelques uns.

3.3.3. Propriétés médicinales

(a)   Indication

L'huile essentielle d'ylang-ylang complète est appréciée pour ses vertus(**16**) :

- **Antidépresseur:** C'est l'une des plus anciennes connues des propriétés médicinales de l'ylang-ylang. Elle combat la dépression et détend le corps et l'âme, ce qui chasse l'anxiété , la tristesse, etc. Elle a aussi un effet stimulant sur l'humeur et induit et le sentiment de joie et d'espérance. Elle peut être un traitement efficace pour ceux qui subissent la dépression nerveuse et la dépression aiguë après un choc, un accident, etc.

- **Anti séborrhéique:** la séborrhée ou l'eczéma séborrhéique est une maladie redoutable qui est due à un mauvais fonctionnement des glandes sébacées résultant d'une production irrégulière de sébum et de l'infection par conséquent des cellules épidermiques. Il semble très laid comme la peau, de couleur blanche ou jaune pâle, sec ou gras, commence à décoller, en particulier du cuir chevelu, les sourcils et partout où il y a des follicules pileux. L'Huile Essentielle ylang-ylang peut être bénéfique dans la guérison de cette situation inflammatoire et réduire les décollements de la peau en régulant la production de sébum et en traitant l'infection de celle-ci.

- **Antiseptique:** Toute blessure ouverte, une abrasion ou brûlure peut subir une infection bactérienne. La crainte est doublée lorsque la plaie est causée par un objet en fer parce qu'il y a risque que cet objet soit infecté par des germes du tétanos. Huile essentielle d'ylang-ylang pourrait aider à éviter l'infection tétanique car elle inhibe la croissance microbienne et désinfecte les plaies. Cette propriété de l'huile essentielle d'ylang-ylang protège les plaies contre les infections par les bactéries, virus et champignons. De cette façon, elle accélère la cicatrisation aussi.

- **Aphrodisiaque:** L'huile essentielle d'ylang-ylang peut vraiment activer la libido et donner aux couples un moment réconfortant. Cela peut être très bénéfique pour les personnes qui perdent intérêt dans le sexe en raison de la charge de travail énorme, le stress professionnel, le souci et les effets de la pollution. La perte de la libido ou la frigidité est un problème alarmant de plus en plus dans la vie des métropolitains. Ici, cette huile peut être une aide réelle.

- **Hypotenseur:** Cette huile est un très bon agent pour abaisser la pression artérielle. Dans un scénario, où la pression artérielle est un problème alarmant parmi les jeunes et les vieux alors que d'autres médicaments pour baisser cette tension ont des effets secondaires néfastes sur la santé, l'huile d'ylang-ylang peut être un refuge sûr. Elle est naturelle et n'a pas d'effets secondaires indésirables sur la santé, si elle est prise en quantités prescrites.

- **Equilibrante nerveuse:** L'huile essentielle d'ylang-ylang est un régénérateur de santé pour les nerfs. Il renforce le système nerveux et il restaure des dommages-intérêts. En outre, il réduit le stress et protège les nerfs. Il peut aussi aider à guérir des troubles nerveux.

- **Sédatif:** Cette huile calme les afflictions nerveuses, le stress, la colère et l'anxiété et induit une sensation de détente.

- **Autres avantages:** Elle peut être utilisée pour guérir les infections dans les organes internes tels que l'estomac, les intestins, le colon, les voies urinaires, etc. Elle est également indiquée pour les personnes souffrant de l'insomnie, la fatigue, la frigidité et autres formes de stress. Elle est extrêmement efficace dans le maintien de l'humidité, de l'équilibre des graisses de la peau et prend bien soin d'elle.

(b)   Contre-indications

Une huile essentielle bienfaisante en temps ordinaire peut s'avérer, en période de grossesse, toxique voire dangereuse pour l'enfant à venir. Les femmes enceintes doivent donc utiliser les huiles essentielles avec beaucoup de prudence et de circonspection (**17**).

(c)   Précautions

Ces informations sont données à titre informatif. Elles ne sauraient en aucun cas se substituer à une consultation médicale ni engager notre responsabilité (**18**). En cas de nécessité prière de consulter un spécialiste en aromathérapie.

3.4.   Autres usages de l'arbre d'ylang ylang

Les vertus d'ylang ylang ne sont pas uniquement l'apanage de l'huile essentielle extraite des fleurs. En réalité, toutes les parties de l'arbre sont importantes comme le montre le tableau suivant :

Tableau 3 : Utilisation des parties de l'arbre d'ylang-ylang

Partie de la plante	Usage	Référence
Fruits	Consommés par les oiseaux notamment les colombidés comme le carpophage de Müller (Ducula mullerii), consommés par les chauves-souris frugivores, les rongeurs, singes, écureuils,…	Laffaire, 2008 (19)
Bois	Utilisé comme matériel de construction de pirogues, de meules, de cageot, de bateaux de pêche, de cordage Utilisé comme combustible (bois de chauffage)	
Ecorce	Utilisé pour soigner les maux de l'estomac ou comme laxatif	Laffaire, 2008 (20)
Feuilles	Utilisées pour extraire une huile essentielle ayant de propriétés aphrodisiaques et euphorisantes, et utilisée en aromathérapie pour traiter l'insomnie	
Fleurs sèches	Utilisées à Java comme remède contre la malaria	Laffaire, 2008 (21)
Fleurs fraiches	Utilisées pour traiter l'asthme Utilisées en ornement et considérées comme symbole du mariage aux Comores	

3.5. Normes de qualité d'une huile essentielle d'ylang-ylang

La qualité impose un certain nombre de règles. Ces règles concernent principalement les caractéristiques physiques (densité, pouvoir rotatoire, indice de réfraction, solubilité dans l'alcool, point de fusion), les propriétés organoleptiques (couleur, aspect, odeur), les propriétés chimiques (indice d'acide et indice d'ester), le profil chromatographique et la quantification relative des différents constituants (AFNOR, 2000a). Une huile de très haute qualité aura donc une densité relative, un pouvoir rotatoire et un indice d'ester plus élevé qu'une huile de basse qualité, mais aura un indice de réfraction plus bas (Laffaire, 2008). L'indice d'acide doit toujours être inférieur à 2 (AFNOR, 2005).

3.6. Marché de l'huile essentielle d'ylang ylang

Les essences d'ylang ylang se présentent sous la forme de liquides jaunes plus ou moins foncé, suivant les catégories, et le type d'alambic utilisé. Elles dégagent un parfum très riche, suave et puissant, de type « chaud-fleuri-boisé » rappelant un peu le jasmin et le lys, tout à la fois floral et fruité, épicé, exotique, avec des notes légèrement camphrées, laissant un léger caractère médicamenteux caractéristique (Valade, 2010). Son odeur est différente de celle de la fleur fraîche. Il est conseillé de la conserver dans des flacons colorés pour éviter la destruction par les rayons solaires.

Le prix de vente au kilo dépend tout d'abord de la fraction de l'huile considérée. En effet, si l'huile a une densité inférieure à 0.925 (limite fixée par les normes AFNOR en dessous de laquelle l'huile est considérée de la qualité III), le prix de cette huile est d'environ 16.24 EUR le kilo (à Mayotte). Si l'huile a une densité supérieure ou égale à 0.925, son prix dépendra du nombre de « degré » de densité supérieur à 0.900. En Août 2009, le prix au « degré » était de 1.5 EUR à Mayotte (Benini et al, 2010).

Ainsi, si l'huile a une densité de 0.965 et que le prix au «degré» est de 1.5 EUR, le prix au kilo est calculé de la façon suivant : (965-900)*1.5= 97.5 Eur.Kg^{-1} (PAFR ,1998 ; Manner et Elevitch, 2006). Camille (2010) décrit une Société BeHave qui, aux Comores, achète depuis 2010 à 50 centimes d'euro au kilo de fleurs ramassées.

Chapitre 4

L'huile essentielle d'ylang-ylang de la Plaine de l'Imbo au Burundi

4.9. Echantillonnage

4.10. Matériel et produits

4.11. Mode opératoire

4.12. Détermination de la densité

4.13. Détermination de l'indice de réfraction

4.14. Détermination de l'indice d'acide

4.15. Détermination de l'indice d'ester

4.16. Propriétés de l'huile essentielle d'ylang-ylang de la plaine de l'Imbo

« Avec son indice d'ester exceptionnellement élevé, l'HE d'ylang-ylang du Burundi bat les records de qualité des deux niches actuellement existantes, à savoir les niches Comores-Mayotte et Madagascar »

4.1. Echantillonnage

L'échantillonnage a été réalisé au bar restaurant le SAFRAN en commune ROHERO, et à un arbre situé aux Galeries ELITE, sises au 83 Chaussée Prince Louis RWAGASORE, Commune ROHERO (photo ci-dessus dans l'encadré). La commune ROHERO est la plus importante en termes d'arbres et de jardins dans toutes les communes qui composent la mairie de BUJUMBURA. La récolte a été effectuée dans la première moitié du mois de février 2012 (respectivement le 31 janvier 2012 et 7 février 2012).

L'extraction par la méthode d'hydrodistillation a été réalisée au laboratoire de CRUPHAMET suivant le protocole défini au deuxième chapitre. La distillation devait s'effectuer directement après la récolte des fleurs matures pour éviter les risques de fermentation.

4.2. Matériel et produits

Le montage utilisé pour l'hydrodistillation est un montage de type Clevenger de la figure 6 :

- chauffe-ballon
- réfrigérant à eau
- statif
- erlenmeyer
- ballon de 100ml
- valet élévateur
- ampoule à décanter
- balance analytique
- eau distillée
- fleurs d'ylang-ylang

4.3. Mode opératoire

1. Dans un ballon de 2000ml, introduire 100g de fleurs d'ylang-ylang et 1000 ml d'eau distillée ;

2. Réaliser le montage suivant (schéma de principe) ;

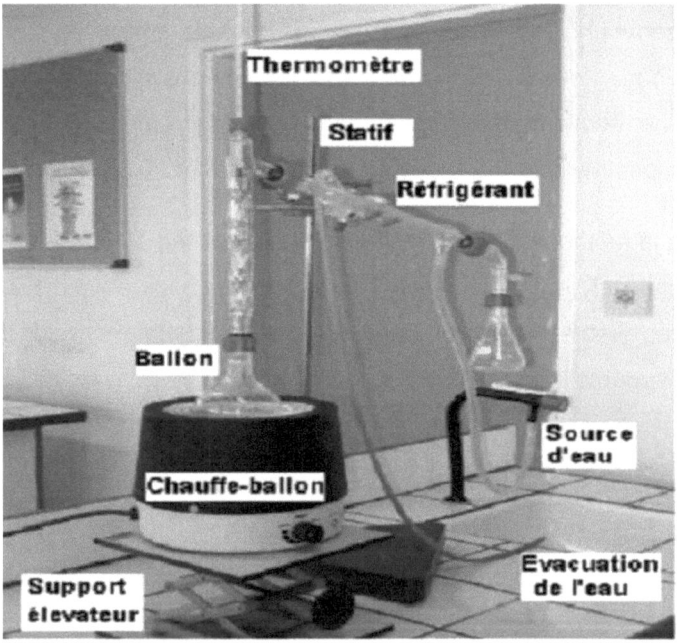

Figure 6 : Montage d'hydrodistillation de type Clevenger

3. Mettre en marche le réfrigérant en réglant le débit d'eau ;

4. Mettre le Chauffe-ballon en marche ;

5. Les essences E.S, E sont distillées dans les deux premières heures, la première s'obtient après deux à trois heures et la deuxième s'obtient une à deux heures plus tard;

6. Après ces fractions, rajouter de l'eau et laisser la distillation se poursuivre ; l'essence recueillie est la troisième dite fraction de queue. La durée totale d'extraction est de 20 à 24heures ;

7. Introduire le distillat obtenu dans l'ampoule à décanter ;

8. Ajouter 100 ml d'eau salée au distillat (car la solubilité de l'essence dans l'eau salée est faible, on ajoute l'eau salée pour bien séparer l'essence et l'eau) ;
9. Agiter en prenant soin de purger l'ampoule régulièrement pour dégazer, ôter le bouchon et attendre au mois cinq minutes ;
10. Séparer les deux phases par décantation ;
11. Sécher sur le sulfate de sodium l'huile essentielle trouvée pendant 24 heures ;
12. Procéder à la détermination du rendement.

Le rendement exprimé en pourcentage est le rapport de la quantité d'huile recueillie après distillation sur la quantité de biomasse (Kabera *et al*, 2004).

$$\rho = \frac{m_{huile}}{m_{végétal}} \times 100$$

Avec ρ = rendement,

m_{huile} = masse de l'huile essentielle,

$m_{végétal}$ = masse de fleur distillées

4.4. Détermination de la densité

La densité d'une huile est le rapport de la masse d'un certain volume d'une huile à 20°C, à la masse d'un volume égal d'eau distillée à 20°C (Dumortier, 2006). Il faut corriger la densité en tenant compte de la température selon la formule suivante (Fauconnier, 2006):

$$d_{20} = d_{mes} + (t_{éch} - 20) \times 0.00073$$

Avec d_{mes} : la densité mesurée

$t_{éch}$: la température de l'échantillon

4.5. Détermination de l'indice de réfraction

L'indice de réfraction a été déterminé au laboratoire de Chimie Physique de la Faculté des Sciences à l'aide du réfractomètre d'ABBE (modèle Bellingham+stanley limited (B⁺S)).

4.6. Détermination de l'indice d'acide

L'indice d'acide a été déterminé au laboratoire de CRUPHAMET en procédant comme l'indique le protocole(**1**)

a) Matériel

Outre le matériel courant de laboratoire, et notamment une burette de 25 ml graduée en 0,1 ml avec son support et une pipette à un trait de 5 ml, il convient de disposer d'un erlenmeyer de 250ml à large col et en verre résistant aux alcalis (borosilicate).

b) Réactifs chimiques nécessaires

- Ethanol à 95 % V/V, fraîchement neutralisée par la solution de KOH en présence de phénolphtaléine ou   de rouge de phénol lorsque l'huile essentielle contient des substances composées de groupes phénoliques. L'éthanol a pour rôle de permettre un meilleur contact entre les réactifs. En effet il "dissout" à la fois l'acide gras et la potasse.
- Béchers de 100 mL
- Balance analytique à 0.001g près
- Burette 25 mL graduée en 0.05 mL
- Agitateur magnétique et barreau aimanté
- Eau distillée

- Hydroxyde de potassium à 0.002 mol.L^{-1}
- Indicateur coloré (bleu de bromotymol ou rouge de phénol)
- Huile essentielle d'Ylang Ylang

c) Détermination

Neutraliser de l'éthanol avec la solution d'hydroxyde de potassium. Pour cela :

- Placer la solution d'éthanol (C_2H_6O) dans un bécher (le volume n'a pas d'importance) et ajouter quelques gouttes de BBT ;
- Doser l'éthanol avec la potasse jusqu'à ce que la solution devienne verte (caractéristique d'un pH neutre).

Durant le dosage de l'acide par la potasse, l'éthanol (neutralisé avec l'hydroxyde de potassium) va jouer le rôle de solvant pour les acides gras contenus dans l'huile essentielle et l'hydroxyde de potassium contenu dans la phase aqueuse.

- Peser 2g d'huile dans un bécher à l'aide de la balance analytique
- A l'aide d'une éprouvette graduée de 10 mL placez 5 mL d'éthanol neutralisé dans le bécher contenant l'huile, ajoutez 3 gouttes d'indicateur coloré au mélange réactionnel.
- Dosez le mélange réactionnel avec l'hydroxyde de potassium puis notez le volume à partir du virage de la solution titrée (au bleu normalement) témoignant du changement de réactif et appliquez la formule.

d) Expression des résultats

L'indice acide est un très bon indice de conservation de l'huile essentielle, et correspond ici au rapport entre la masse d'hydroxyde de potassium nécessaire pour réagir avec tous les acides présents initialement dans l'huile et la masse de l'échantillon d'huile (noté ici m_A) utilisé pour l'expérience :

m_A = masse en grammes de l'huile essentielle ;

V = volume en millilitres d'hydroxyde de potassium ;

L'Indice d'Acide Ia est donné par la formule suivante:

$$I_a = \frac{5,61 \times V}{m_A}$$

Il est donné avec une décimale près.

4.7. Détermination de l'indice d'ester

L'indice d'ester a été déterminé au laboratoire de CRUPHAMET en procédant comme l'indique le protocole ci-après(1).

a) Matériel et produits

- Burette 25 ml graduée à 0.05 ml
- Potasse et acide chlorhydrique à 0.5 mol/l
- Echantillon utilisé pour la détermination de l'indice acide
- Pierre ponce
- Montage de saponification
- Pipette jaugée à 25 ml
- Béchers à 100 ml
- Indicateur coloré (BBT)

b) Mode opératoire

1. Prélever dans un bécher 25 ml de potasse à l'aide d'une pipette jaugée et transvaser ce volume dans un ballon à 150 ml ;

2. Ajouter au ballon l'échantillon obtenu lors de l'indice acide ainsi que quelques pierres ponces (pour homogénéiser l'ébullition durant le chauffage) ;

3. Préparer le montage à reflux et laisser chauffer pendant une heure environ. En parallèle, préparer le matériel pour le dosage de l'excès de potasse avec de l'acide chlorhydrique ;

4. A la fin du chauffage, refroidir le ballon en remplaçant le chauffe-ballon par un cristallisoir rempli d'eau glacée afin de faire diminuer la température du milieu réactionnel ;

5. Une fois la température du ballon diminuée, couper la circulation d'eau dans le réfrigérant à boules. Retirer le ballon et placer- le sur l'agitateur magnétique (en le fixant à une potence afin de le stabiliser), ajoutez un barreau aimanté et agiter le milieu réactionnel (afin d'homogénéiser la solution) ;

6. Doser la solution (initialement bleu vert) avec l'acide chlorhydrique. Au moment du virage de la solution (en jaune), noter le volume d'acide chlorhydrique consommé et appliquer la formule exprimant le résultat ;

c) Expression des résultats

$$n_{(KOH\ consommé)} = n_{(KOH\ initial)} - n_{(KOH\ excès)}$$

$$n_{(KOH\ consommé)} = n_{(KOH\ initial)} - n_{(HCL\ consommé)}$$

$$m\ (KOH)/\ M(KOH) = C * V - C' * V'$$

m (KOH) = M(KOH) (C*V – C' * V')

m (KOH) = 56.11 (C*V –C'*V')

Durant l'expérience on utilisera de la potasse et de l'acide chlorhydrique à 0.5 mol/l.

$$m_{KOH} = 56.11 \times C(V - V')$$

$$= 56.11 \times 0.5(V - V')$$

$$= 28.05(V - V')$$

Dans cette expression, 56.11 est la masse molaire de la potasse KOH, tandis que V est le volume initial de KOH utilisé et V' le volume de HCl consommé.

4.8. Propriétés de l'huile essentielle d'ylang-ylang de la plaine de l'Imbo

Les propriétés organoleptiques de l'huile essentielle obtenue par hydrostillation des fleurs d'ylang-ylang de la Plaine de l'IMBO sont consignées dans le tableau 4. Les résultats obtenus suggèrent une huile essentielle de très bonne qualité. C'est une huile essentielle d'un aspect liquide huileux opalescent, de couleur jaune avec une puissante odeur florale boisée et balsamique. Le tableau 4 montre les résultats des propriétés physico-chimiques, en comparaison avec les valeurs de référence.

Tableau 4 : Propriétés de l'huile essentielle complète des fleurs d'un ylang-ylanguier de la Plaine de l'IMBO[3]

Propriétés physico-chimiques	Cette étude	Valeur de référence	Référence
Rendement (%)	1.050	[2 - 2.25]	C. Benini *et al*, 2006
Densité (g/l)	0.940	0.906 - 0.990	AFNOR 2005
Indice de réfraction	1.502	1.495 - 1.513	AFNOR 2005
Indice d'ester	350.6	[80 - 180] à Mayotte	D . Dumortier, 2006
		[40 - 185] à Madagascar	D . Dumortier, 2006
		[45 - 200] aux Comores	D . Dumortier, 2006
Indice d'acide	0.420	< 2	AFNOR 2005

Il a été établi par plusieurs études d'extraction effectuées sur la même variété d'ylang-ylang que les fleurs fraiches contiennent de 2 à 2.5% d'huile essentielle[22,23]. Notre étude a donné un rendement de 1.0% seulement. Nous nous attendions à un tel faible rendement dans la mesure où nous n'avons pas travaillé dans des conditions expérimentales optimales. Le faible rendement pourrait aussi s'expliquer par la situation géographique du site d'échantillonnage. En effet, il semblerait qu'au dessus de 600 mètres d'altitude, les rendements sont économiquement amoindris[10]. Notre échantillonnage a été réalisé à Bujumbura Mairie, dans la Plaine de l'IMBO, dont les limites géographiques sont entre l'altitude de 774 m (le niveau moyen du lac Tanganyika) et l'hysoèthe de 1000 m.

---

[3] **Source :** Nos investigations au laboratoire de CRUPHAMET de la faculté des sciences, Université du Burundi (2012).

Le faible rendement peut être encore expliqué par d'autres facteurs. En effet, le rendement d'extraction, tout comme la qualité d'une huile essentielle, sont influencés par la nature du sol sur lequel la plantation est effectuée, le matériau des appareils utilisés, la propreté du matériel, la pression de fonctionnement, la régularité de la chauffe, le refroidissement du distillat et la régularité de sa coulée, la méthode et la durée de distillation, etc.[4,20].

L'huile essentielle d'ylang-ylang est extraite et fractionnée de telle façon que l'on obtienne cinq fractions possédant des propriétés organoleptiques (apparence, couleur, odeur), des propriétés physico-chimiques (densité relative à 20 °C, pouvoir rotatoire à 20 °C, indice de réfraction à 20 °C, indice d'acide et indice d'ester) qui leur sont propres. C'est grâce à ces propriétés qu'il est possible de définir si une huile est de qualité adéquate[3,4,10,20,21].

Ainsi, une huile de bonne qualité générale sera liquide, de couleur jaune clair à jaune foncé et possédera une odeur fleurie rappelant le jasmin[3]. Selon les propriétés physico-chimiques, plus la qualité de l'huile est élevée, plus sa densité et son indice d'ester seront aussi élevés. Par contre, l'indice de réfraction et le pouvoir rotatoire doivent être petits. Quant à l'indice d'acide, il doit toujours être inférieur à 2 [3].

La densité trouvée est de 0.940. La norme AFNOR (2005) préconise une densité comprise entre 0.906 pour les huiles de faible qualité et 0.990 pour les huiles de très haute qualité. Les normes AFNOR fixe à 0.925 une densité en-dessous de laquelle l'huile est considérée de qualité III. Avec une densité de 0.940, il y a lieu de suggérer que notre huile est au moins de qualité II. En réalité, la densité de l'huile essentielle d'ylang-ylang complète est de 0.936 ce qui suppose que notre huile analysée répond aux normes d'une huile essentielle de très bonne qualité.

L'indice de réfraction (IR_{20}) de 1.502. C'est une valeur petite d'indice de réfraction qui est révélateur de la bonne qualité d'une huile essentielle. En effet, la norme AFNOR, 2005 suggère pour l'huile essentielle, un indice de réfraction compris entre 1.495 et 1.513 (1.495 pour les huiles de haute qualité et 1.513 pour les huiles de moindre qualité). Pour l'huile essentielle d'ylang-ylang, l'IR_{20} le plus fréquemment observé est de 1.505 ±0.003.

L'indice d'acide (IA) doit être le plus petit possible. Notre huile essentielle a donné un IA de 0.421, lui aussi très petit (2 est le maximum à ne pas dépasser). En réalité, une huile essentielle fraîche contient très peu d'acides libres[24], ce qui veut dire que son indice d'acide à l'état frais est généralement moins élevé. Nous avons pris soin de conserver notre huile essentielle dans un contenant en verre teinté car il a été établi que la lumière favorise l'altération de la structure de l'huile et la prolifération des acides.

Et enfin, la dernière propriété physico-chimique déterminée, c'est l'indice d'ester. Elle est la plus intéressante en ce ses que plus l'indice d'ester est élevé, mieux est la qualité d'une huile essentielle. L'huile essentielle qui fait l'objet de cette étude a révélé un indice d'ester (IE) de 350.6. A notre connaissance, ce chiffre très élevé et même en dehors des normes jusqu'ici connus, car aucune étude n'a jusqu'ici donné un indice d'ester (IE) au-delà de 200. L'indice d'ester de l'huile essentielle d'ylang-ylang est compris dans l'intervalle [80-180] à Mayotte, dans l'intervalle [10-185] à Madagascar ct dans l'intervalle [45-200] aux Comores[25]. Ces trois îles sont reconnues pour être dans des conditions privilégiées pour produire des huiles essentielles de très bonne qualité.

En effet, l'AFNOR reconnait qu'il existe deux types d'huile de *Cananga odorata* forme *genuina*: l'huile des Comores et de Mayotte d'une part et l'huile de Madagascar, d'autre part. Il s'agit de deux niches de qualité différenciée qui ne sont pas comparables, mais aucune de ces niches n'affiche un indice d'ester aussi élevé que celui que nous avons trouvé dans cette étude. Le Burundi serait-il alors une troisième niche d'ylang-ylang avec un nouveau chémotype pour concurrencer les deux niches déjà existantes, par la qualité exceptionnelle de l'huile de l'IMBO ? On sait déjà que le génotype des arbres influence la qualité de leur huile, mais aucune étude scientifique, à l'heure actuelle, n'a été réalisée pour déterminer la véritable cause de cette qualité différenciée. C'est pourquoi, avant de conclure à l'existence dans la Plaine de l'IMBO d'un génotype à huile essentielle de qualité « exceptionnelle », nous recommandons d'autres études indépendantes et plus poussée pour confirmer ou infirmer cette assertion.

CONCLUSION ET PERPECTIVES

De part ses propriétés physico-chimiques, l'huile essentielle d'ylang-ylang de la Plaine de l'IMBO, extraite par hydrodistillation, possède des propriétés organoleptiques déjà très appréciées en parfumerie et pourrait être très convoitée en aromathérapie. Cette étude préliminaire, qui s'est limitée à une caractérisation à partir des seules propriétés physico-chimiques, ouvre d'intéressantes perspectives de recherche sur cette plante qui pourrait devenir une autre filière de plante industrielle du devenir au Burundi. Pour cela, il faudra faire une étude beaucoup plus poussée qui devra inclure les caractéristiques des sols de culture éventuelle, l'extraction avec un équipement conçu pour offrir une huiles essentielles de qualité avec un rendement amélioré, et bien évidemment la détermination de la composition chimique de l'huile essentielle par chromatographie en phase gazeuse et sur colonne, notamment pour identifier les différents esters et leur teneur.

De ce qui précède, il est évident que la culture d'ylang-ylang au Burundi, et même dans les pays de la sous-région, présente de perspectives encourageantes à l'horizon. Bien que de façon générale, les huiles essentielles naturelles sont continuellement concurrencées par l'utilisation de produits de synthèse sans cesse plus proches olfactivement, cela n'est toutefois pas le cas de l'huile essentielle d'ylang-ylang dont la composition olfactive semble d'une complexité difficile à approcher synthétiquement [10,26,27]. De plus, sa culture dans la Plaine de l'IMBO, loin d'être concurrentielle aux autres plantes industrielles déjà existantes, pourrait plutôt rendre l'utile à l'agréable en procurant des revenus substantiels aux différents intervenants dans sa chaine de production, partant des propriétaires d'ylang-ylanguiers, les cueilleurs, les distillateurs, les exportateurs, etc.

D'un autre côté, il serait souhaitable que des biologistes et agronomes se penchent sur des aspects d'amélioration de la plante elle-même. En effet,

Bénini *et al.* déplorent le fait que, malgré la grande importance économique de l'huile essentielle d'ylang-ylang, il est étonnant de constater qu'il n'existe aucun programme d'amélioration de la plante. Ainsi, la biologie de la reproduction, préalable nécessaire à tout programme d'amélioration variétale, reste peu connue. Il est toujours difficile de savoir avec certitude quand a lieu la pollinisation, quel est l'agent pollinisateur, s'il y en a un dans la zone de production, quel est le type de fécondation, etc. En plus de ces lacunes, on constate que l'abscission des fleurs à chaque stade de leur développement y est importante et que cette plante produit très peu de fruits. Ce qui représente également un obstacle en vue d'une amélioration variétale.

Parlant justement d'amélioration variétale, les chercheurs de la Faculté d'Agronomie et de Bio-Ingénierie, pourrait se pencher sur les capacités végétatives qui ne sont pas non plus connues. En effet, outre le recépage qui semble être largement pratiqué aux Comores, aucune étude n'a été menée sur les possibilités de bouturage, de marcottage, de multiplication in vitro, etc. Toutes ces informations sont pourtant indispensables en vue d'une amélioration variétale de la plante et, par conséquent, de son huile essentielle.

Une meilleure connaissance de la plante, de sa gestion et de son huile essentielle semble à présent nécessaire afin d'aider à la pérennisation de cette nouvelle filière dont les revenus pourraient constituer une autre valeur ajoutée. En effet, on évalue approximativement 400 arbres par hectare de plantation, qui pourraient être plantés en quinconce sur 4m x 6m ou bien alignés sur 5m x 5m. Or, il se trouve qu'un ylang-ylanguier produit environ 1 kg de fleurs par mois quand il est au sommet de sa production, c'est-à-dire lorsqu'il a entre 10 et 15 ans[4,10,21]. Ce qui donne en moyenne 400 kg de fleurs par mois et par hectare de plantation, soit environ 6 kg d'huile essentielle calculée sur un rendement moyen de 1.5%. Au prix de 15 euro le kilo (c'est le coût minimum), cela représente un revenu mensuel moyen de 90 euros, ou 180 000 francs Burundais, par hectare de plantation d'ylang-ylang.

REFERENCES BIBLIOGRAPHIQUES

[1] AFNOR (Association Française de Normalisation), 2000a. *Recueil de normes : les huiles essentielles. Échantillonnage et méthodes d'analyse.* Tome 1. Paris : AFNOR

[2] AFNOR (Association Française de Normalisation), 2000b. *Recueil de normes : les huiles essentielles. Monographies relatives aux huiles essentielles (H à Y).* Tome 2. Paris : AFNOR

[3] AFNOR (Association Française de Normalisation), 2005. *Norme française NF ISO 3063 : huile essentielle d'ylang-ylang [Cananga odorata (Lamarck) J.D. Hooker et Thomson forma genuina].* Paris : AFNOR

[4] ANTON, R. ET LOBSTEIN, A., 2005. *Plantes aromatiques. Épices, aromates, condiments et huiles essentielles.* Paris : Tec et Doc Lavoisier

[5] Association des Naturalistes de Mayotte, 2006. *Mayotte, les plantes à parfum. In: Univers Maoré* (hors-série n°1). Ile Maurice, France : Précigraph

[6] BEN MOHADJI, F., 2004. *Manuel de vulgarisation : techniques culturales. Cultures de rente et épices.* Grande Comores : Maison des épices des Comores

[7] BENAYAD, N., 2008. *Les huiles essentielles extraites des plantes médicinales marocaines : moyen efficace de lutte contre les ravageurs des denrées alimentaires stockées*

[8] BENINI, C., DANFLOUS, J.P, WATHELET, J.P, PATRICK du Jardin ET FAUCONNIER, M.L, 2010, *L'ylang-ylang [Cananga odorata (Lam.) Hook.f. & Thomson] : une plante à huile essentielle méconnue dans une filière en danger, Biotechnol. Agron. Soc. Environ.,* Volume 14 (2010)

[9] BINET.P ET BRUNEL J.P, 1967. *Physiologie végétale.* Tome II, ed Doin Deren et Cie8 Place de l'odéon Paris

[10] BRULE CH. ET PECOUT W., 1995. *L'ylang-ylang : un parfum subtil.* Grasse, France : Arco-Charbot ; Paris : V.F. aromatique

[11] CAMILLE, L., 2010. *Ylang-ylang BeHave des Comores : parfum et développement durable*

[12] COUNCIL OF EUROPE, 2007. *Natural source of flavourings.* Vol. 2. Brussels: Council of Europe Publishing

[13] DUMORTIER, D., 2006. *Contribution à l'amélioration de la qualité de l'huile essentielle d'ylang-ylang (Cananga odorata (Lamarck) J.D. Hooker et Thomson, variété genuina) des Comores* - Mémoire de fin d'étude – Faculté Universitaire des Sciences Agronomiques de Gembloux (Belgique)

[14] EL KALAMOUNI, C., 2010. *Caractérisations chimiques et biologiques d'extrait de plantes aromatiques oubliées de Midi-Pyrénées* – Thèse doctorale, Université de Toulouse

[15] FAUCONNIER, M.L., *2006 Huile essentielle d'Ylang-ylang : sa fiche qualité et son suivi de distillation*- Exposé pour le GIE Maison des Epices des Comores

[16] FLORENCE, J., 2004. *Flore de Polynésie française.* Vol. 2. Paris: IRD éditions

[17] GUENTHER, E., 1952. *The essential oils.* Vol. 5. New York, USA: Van Nostrand Company Inc.

[18] HARERIMANA P.C, 2012. « Extraction et analyse de l'huile essentielle d'ylang-ylang complète ». Mémoire présenté en vue de l'obtention du diplôme de Licence en Pédagogie Appliquée, agrégé de l'enseignement secondaire en Chimie. Institut de Pédagogie Appliquée, Université du Burundi.

[19] HICK, A., 2010. *Etude du terroir Mahorais et de l'influence des paramètres environnementaux sur la qualité de l'huile essentielle d'ylang-ylang (canaga odorata(Lam.) Hook&Thoms.) à Mayotte* –Travail

de fin d'étude,Master de Bioingénieur en Science et Technologie de l'Environnement- Université de Liège Gembloux, Belgique

[20] HONGRATANAWORAKIT, T., HEUBERGER, E., BUCHBAUER, G., 2004. *The Effect of Ylang-Ylang Oil on Humans: Evidence for Aromatherapy, 23rd IFSCC Congress,* Orlando, FL, USA

[21] HURTEL, J.M., 2006. *Huile essentielle et médecine. Aromathérapie*

[22] ISABU, 1992. *Séminaire sur la biofertilisation des légumineuses fixatrices d'azote et la production de la culture du soja,* Bujumbura du 22 au 23 octobre1992

[23] KABERA, J., KOUMAGLO, K.H, INGABIRE, M.G., KAMAGAJU, L., 2004. *Caractérisation des huiles essentielles d'Hyptis spiciela Lam, Plucea ovalis (Pers.) D.C et Laggera aurita (LF) Benth.EX.CB Clarke, plantes aromatiques tropicales*

[24] LAFFAIRE, C., 2008. *L'ylang ylang des Comores /* Stagiaire IFAD -Union des Comores

[25] MANNER, H.I., ELEVITCH, C.R., 2006. *Cananga odorata* (ylang-ylang). *Species profiles for Pacific Island agroforestry*

[26] MARTINI, M.C. ET SEILLER, M., 2006. *Actifs et Additifs en Cosmétologie.* 3ème édition. LAVOISIER

[27] PAFR (Projet d'Appui aux Filières de Rentes), 1998. *Perspectives d'avenir de l'ylang-ylang aux Comores selon les applications dans la parfumerie : rapport final.* Moroni, RFIC: PAFR

[28] PARIS, M. ET HURABIELLE, M., 1981. *Abrégé de matière médicale.* Masson Paris New York Barcelone Milan Mexico Rio de Janeiro

[29] SMADJA, J., 2009. *Les huiles essentielles-* Colloque GP3A-Tananarive. Laboratoire de Chimie des Substances Naturelles et des Sciences Des aliments (LCSNSA) Université de la Réunion

[30] VALADE, I., 2010. *Rapport de Mission Court Terme CT17 Mission d'appui technique au Programme FLEX « Appui aux Cultures de Rente »*

[31] *Renforcement des capacités des associations de producteurs. Appui technique et commercial à l'Association des Producteurs d'Ylang de Mayotte (APYM)*

[32] ZIEGLER H., 2007. *Flavourings: production, composition, applications, regulations.* Berlin, Germany: Wiley-VCH

[33] UCCIA (Union des Chambre de Commerce d'Industrie et d'Agriculture), 2005. Guide d'informations économiques. Paris: Bernadette Concept Étoile.

[34] UNEP (United Nations Environment Programme), 2002. Atlas des ressources côtières de l'Afrique orientale: République Fédérale Islamique des Comores. Nairobi: Programme des Nations Unies pour l'Environnement.

Liste des sites web consultés

1. http://ylang-mayotte.over-blog.com/article-caracteristiques-physiques-et-organoleptiques-de-l-huile-d-ylang-ylang-69385293.html (29-12-2011)

2. http://fr.wikipedia.org/wiki/Ylang-ylang. (12-1-2012)

3. http://www.comores-online.com/cvp/ylang.htm (20-12-2011)

4. www.gralon.net/articles/maison-et-jardin/jardin/article-l-ylang-ylang---une-etonnante-plante-en pot-4347.htm (07-02-2012).

5. http://fr.wikipedia.org/wiki/Fichier:Cananga_odorata_Blanco1.221.png (28-2-2012)

6. www.desplantesdebonnevolonte.org/comment.php? (7-2-2012)

7. http://www.alsagarden.com/index-fiche-20406.html (8-2-2012)

8. http://ylang-mayote.over-blog.com/article-culture-690009667.html (8-2-2012)

9. http://ylang-mayote.over-blog.com/article-botanique-68998069.html (02-2-2012)

10. http://www.pentybio.com/huile/extraction-huile-essentielle.htm

11. (29- 12-2011)

12. http://www.aromabienetre.com/page12.htm (22-12-2011)

13. www.centre-arome.fr/huiles-essentielles-pures/39-he-ylang-complet.html (04-03-2012)

14. http://www.neroliane.com/product_info.php?products_id=36 (04-04-2012)

15. http://www.havre-des-sens.fr/image/FTylangylang.pdf (28-2-2012)

16. www.neroliane.com/product_info.php?product_id=36 (27-2-2012).

17. http://translate.google.fr/translate?hl=fr&langpair=en|fr&u=http://www.org anicfacts.net/health-benefits/essential-oils/health-benefits-of-ylang-ylang-essential-oil.html (29-2-2012)

18. http://centre-aromatherapie.com/FRANCAIS/Huiles_essentielles/Huile-ylang/aromatherapie_ylang.html (29-2-2012)

19. www.neroliane.com/product_info.php?product_id=36 (27-2-2012).

20. www .joel-paul.com/?p=2861(07-02-2012)

21. http ://nature-jardin.free.fr/arbre/nmauric_cananga_odorata.html (28-2-2012)

22. http://www.info-massage.com/huile-essentielle-d-ylang-ylang.html (28-2-2012)

23. http://www.google.fr (Extraction essence naturelle de lavande par hydrodistillation) (22-12-2011)

24. http://www.web-sciences.com/tp2nde/tp5/tp5.php (21-7-2011)

25. http://vivascience.be/wordpress/wp-content/uploads/2011/03/ylang.pdf (20-12-2011)

26. http://www.epices-comores.com/pdf_massala/massala_3.pdf (17-2-2011).

27. http://www.fidacomores.net/spip.php?article62 (20-12-2011)

28. http://bchcbd.naturalsciences.be/burundi/information/presentation.htm (26-2-2012).

29. http://www.aroma-zone.com/aroma/ficheylangcomplete.asp (19-12-2011)

30. http://www.florame.co.jp/chromatography/pdf/chg_ylangylangcomplete/Yl angcompleteLOT9942.pdf (22-12-2011)

Printed by Books on Demand GmbH, Norderstedt / Germany